湖泊痕量有机污染物调查实用手册

赵兴茹　郭　睿　编著

科学出版社
北　京

内 容 简 介

本书在参考国内外相关方法及实验室方法的基础上，建立了有毒有害痕量有机污染物如挥发性有机物、有机氯农药、多环芳烃、多氯联苯、氯代二噁英、多溴二苯醚、溴代二噁英、多氯萘、短链氯化石蜡、得克隆、全氟化合物和抗生素等的样品采集、数据质量控制及分析方法。本书将在实际过程中分析此类化合物遇到的问题，以及如何得到较为准确的结果应注意的事项，以工作札记的形式列在章节前。本书可为实验室快速建立有机物分析方法提供参考。

本书适用于从事湖泊环境保护和治理等相关科研与管理的工作者，也可供环境监测、化学分析等科技工作者、管理干部及有关院校师生阅读和参考。

图书在版编目（CIP）数据

湖泊痕量有机污染物调查实用手册 / 赵兴茹，郭睿编著. —北京：科学出版社，2023.1

ISBN 978-7-03-074103-5

Ⅰ. ①湖… Ⅱ. ①赵… ②郭… Ⅲ. ①湖泊-有机污染物-痕量分析-手册 Ⅳ. ①X524-62

中国版本图书馆 CIP 数据核字(2022)第 231179 号

责任编辑：郭允允　李　洁 / 责任校对：郝甜甜
责任印制：吴兆东 / 封面设计：无极书装

科学出版社 出版
北京东黄城根北街 16 号
邮政编码：100717
http://www.sciencep.com
北京中石油彩色印刷有限责任公司 印刷
科学出版社发行　各地新华书店经销
*
2023 年 1 月第　一　版　开本：720×1000　1/16
2024 年 3 月第二次印刷　印张：9
字数：180 000

定价：88.00 元

（如有印装质量问题，我社负责调换）

前　言

本书是国家科技基础性工作专项重点项目（项目编号：2015FY110900）的研究成果之一。项目的研究区域为化学品工业相对集中、湖泊分布相对密集的中东部 19 个省级行政区内毗邻工业区且面积大于 $20km^2$ 的 30 个代表性湖泊。湖泊是我国重要的淡水资源、重要的饮用水源地。我国大于 $1km^2$ 的湖泊共 2600 多个，淡水储量超过 2300 亿 m^3。全国城镇饮用水水源约 50%源于湖泊，全国 1/4～1/3 的粮食产量及 30%以上的工农业总产值来自湖泊流域。我国经济的飞速发展、水污染治理的滞后导致湖泊水体受到污染，湖泊环境中污染物种类增加和污染程度加重，对湖泊生态系统健康造成威胁和损害，严重影响流域经济社会可持续发展和居民生活安定，引起了各级政府和社会各界的广泛关注。

20 世纪 70 年代，美国和加拿大发现，大湖中的持久性有毒物质明显对以湖中鱼类为食物的人群和野生动物引发潜在风险，依据 1978 年美国和加拿大的大湖水质标准协议，两国开始探索去除排入大湖的持久性有毒物质。持久性有毒有机污染物是在环境中难降解、在生物体内难代谢，具有很强的亲脂性，可以在食物链中富集，能够通过蒸发—冷凝等过程远距离传输的一类化合物。这类污染物具有致癌、致畸、致突变的特性，即使在微量水平也能对生态环境和人体健康产生显著不良影响。到了 20 世纪 80 年代，安大略湖的有毒污染物对人类、鱼类和野生动物健康的风险再次显现，美国国家环境保护局和加拿大环境部在 1987 年为恢复和保护大湖，对 1978 年制定的大湖水质协定目标进行修订。两国在 1995 年发布了大湖系统的水质标准，1997 年又签署了去除大湖有毒污染物尤其是在生物体内累积的污染物的双边战略，以保护和确保大湖生态系统的健康和完整。这个战略重申了两国致力于化学品健全管理，以及在 1992 年联合国环境与发展大会通过的“21 世纪全球行动计划”。战略关注的第一级污染物为艾氏剂、狄氏剂、苯并(*a*)芘、氯丹、DDT（+DDD+DDE）、六氯苯、烷基铅、汞及汞的化合物、灭蚁灵、八氯苯烯、多氯联苯、二噁英和毒杀芬。第二级物质为镉及其化合物、1,4-二氯苯、3,3′-二氯联苯胺、二硝基芘、异狄氏剂、七氯（+环氧七氯）、六氯丁二烯（+六氯-1,3-丁二烯）、六氯环己烷（六六六）、4, 4′-亚甲基双（2-氯苯胺）、五氯苯、五氯酚、四氯苯、三丁基锡、多环芳烃（PAHs）。

美国国家环境保护局大湖质量管理计划国家项目办公室在 2008 年制定了大湖质量管理计划，规定了质量体系评估包括数据的确认、核查和可用性及质控程序、详细目录和报告。数据的确认包括术语表、数据审核清单、数据审核指南中采用的分析方法、分析方法数据审核清单、质控备忘录、质控参考文献、质控术语等。质控体系文件中采用的分析方法要列明标准操作步骤（standard operation procedures，SOP）：方法的应用范围、方法概要、样品处理和储存、干扰、安全、设备/材料/试剂、校准、步骤、计算、质量控制和质量保证、参考文献。而质量保证计划包括以下十方面内容：①采样过程设计（实验设计）；②采样方法的要求；③样品处理和保管的要求；④分析方法的要求；⑤质量控制的要求；⑥仪器/设备的测试、检验和维护要求；⑦仪器校正及校正频率；⑧耗材和消耗品的要求；⑨数据采集要求；⑩数据管理。

本书针对目前国内外关注的有毒有害的痕量有机污染物，进行其在湖泊水环境中水、沉积物、生物体的污染水平测定。参考美国国家环境保护局大湖质量管理和质量评估体系，根据我国《重点环境管理危险化学品》（2014 年 4 月，环境保护部）、突发环境事件高发类化学品（《化学品环境风险防控“十二五”规划》，2013 年 1 月，环境保护部）、《地表水环境质量标准》（GB 3838—2002）、《生活饮用水卫生标准》（GB 5749—2006）和化学品生产企业的行业污水排放标准，如《炼焦化学工业污染物排放标准》（GB 16171—2012），以及《斯德哥尔摩公约》管制名单、《鹿特丹公约》管制名单和国际环境科学研究热点筛选有毒有害化学品，编制湖泊水、沉积物和生物介质中典型痕量有机污染物的样品采集和分析方法的操作规范，分析数据质量控制的甄审报告，为湖泊污染治理的科技工作者获得质量可靠的污染物浓度数据提供参考，从而制定精准的湖泊化学品调查和湖泊水污染管理策略。

本书由中国环境科学研究院赵兴茹、水利部信息中心郭睿共同完成。全书共分 7 章，第 1～2 章由赵兴茹、郭睿共同执笔，第 3～5 章由赵兴茹执笔，第 6～7 章由郭睿执笔。全书由赵兴茹负责统稿。本书内容涉及物理、化学、生物和毒理等学科，学科间交叉内容较多，参阅文献量大，不得不有所取舍，对一些重要文献也难免有所遗漏。在保证内容系统性的前提下，在撰写过程中以项目课题组的研究成果为主，希望本项目研究成果有助于本领域的研究人员。全书在成稿过程中虽数易其稿，多次校订，但不足和疏漏之处在所难免，恳望读者批评指正。

作　者

2022 年 2 月于北京

目　录

前言
第 1 章　湖泊痕量有机污染物调查数据质量控制 ········ 1
1.1　湖泊痕量有机污染物调查采样的设计 ········ 1
1.2　采样备忘清单 ········ 2
1.3　水样原始记录表格 ········ 4
1.4　沉积物原始记录表格 ········ 5
1.5　生物样品采样记录表 ········ 6
1.6　有机物分析数据甄审报告 ········ 6
第 2 章　水中挥发性有机物的测定：吹扫捕集/气相色谱-质谱法 ········ 13
2.1　适用范围 ········ 13
2.2　方法概要 ········ 14
2.3　设备、材料和试剂 ········ 14
2.4　样品采集、保存和储存 ········ 15
2.5　校准和标准 ········ 16
2.6　操作步骤 ········ 18
2.7　定性和定量 ········ 19
2.8　质量控制与质量保证 ········ 23
2.9　白洋淀水中 VOCs 的测定结果 ········ 24
第 3 章　有机氯农药的测定：气相色谱-质谱法 ········ 25
3.1　适用范围 ········ 26
3.2　方法概要 ········ 26
3.3　设备、材料和试剂 ········ 27
3.4　样品采集、保存和储存 ········ 29
3.5　校准和标准 ········ 30
3.6　操作步骤 ········ 35

3.7 定性和定量 …… 37
3.8 质量控制与质量保证 …… 38
3.9 白洋淀水、沉积物和鱼中有机氯的浓度 …… 39
第 4 章 多环芳烃的测定：气相色谱-质谱法 …… 40
4.1 适用范围 …… 40
4.2 方法概要 …… 40
4.3 设备、材料和试剂 …… 41
4.4 样品采集、保存和储存 …… 42
4.5 校准和标准 …… 42
4.6 操作步骤 …… 45
4.7 定性和定量 …… 47
4.8 质量控制与质量保证 …… 48
4.9 白洋淀水、沉积物和鱼中多环芳烃的含量 …… 49
第 5 章 多氯联苯等八类 POPs 的同时分析 …… 50
5.1 适用范围 …… 51
5.2 方法概要 …… 51
5.3 设备、材料和试剂 …… 52
5.4 样品采集、保存和储存 …… 54
5.5 校准和标准 …… 54
5.6 操作步骤 …… 74
5.7 定性和定量 …… 77
5.8 质量控制与质量保证 …… 77
5.9 白洋淀水、沉积物和鱼中八类化合物的浓度 …… 78
第 6 章 全氟化合物的测定：固相萃取-超高效液相色谱串联质谱法 …… 79
6.1 适用范围 …… 80
6.2 方法概要 …… 80
6.3 设备、材料和试剂 …… 81
6.4 样品采集、保存和储存 …… 85
6.5 校准和标准 …… 85
6.6 操作步骤 …… 87
6.7 定性和定量 …… 88
6.8 质量控制与质量保证 …… 90
6.9 白洋淀水、沉积物和鱼中 PFCs 的浓度 …… 91

第 7 章　抗生素类化合物的测定：超高效液相色谱串联质谱法 …… 92
7.1　适用范围 …… 92
7.2　方法概要 …… 93
7.3　设备、材料和试剂 …… 95
7.4　样品采集、保存和储存 …… 97
7.5　校准和标准 …… 97
7.6　操作步骤 …… 100
7.7　定性和定量 …… 102
7.8　质量控制与质量保证 …… 103
7.9　白洋淀水、沉积物中抗生素的浓度 …… 103
参考文献 …… 104
附录 1　术语表 …… 105
附录 2　湖泊痕量有机污染物调查数据质量控制记录 …… 109
附录 3　白洋淀水、沉积物和鱼组织中有机物的浓度 …… 117

第 1 章　湖泊痕量有机污染物调查数据质量控制

1.1　湖泊痕量有机污染物调查采样的设计

采样点布设的选择，应该对整个调查水域的痕量有机污染物具有较好的代表性；在满足统计学样品数的前提下，布设的站位应尽量少，要兼顾测定指标和成本。

1.1.1　水中痕量有机污染物调查采样点布设

湖体水质采样点的布设应充分考虑如下因素：①湖泊水体的水动力条件；②湖泊面积及形态特征；③河流的入湖口和出水口；④潜在的排污口；⑤有机污染物在水体中的循环及迁移转化（金相灿和屠清瑛，1990）。

为了使湖泊采样具有较强的代表性，要查阅湖泊的相关信息，了解水体的水动力条件、湖泊形态特征、入湖河流、有机污染物的分布特征规律等。一般来说，在湖泊的不同水域，如进水区、出水区、深水区、浅水区、湖心区、岸边区，进行垂线采集水样，若湖区无明显功能区别，可用网格法均匀设置监测垂线。

采样点数目取决于水动力条件和湖泊面积。对于不同面积的湖泊，采样点数目如表 1-1 所示。在每个采样点采表层水（水面下 0.5m）、中层水和底层水（水底上 0.5m）。在这三个不同深度采样，表层水监测大气的输入，中层水监测赋存情况，底层水监测沉积物的缓释。

表 1-1　湖泊水中痕量有机污染物调查采样点数目

湖泊面积/km^2	10～100	100～500	500～1000	1000～2000	＞2000
采样点数目	2～5	5～10	10～15	15～18	18～25

1.1.2 沉积物中痕量有机污染物调查采样点布设

沉积物是痕量持久性有机污染物的源和汇，相对于水质而言无论在时间或空间上皆比较稳定，因此沉积物采样点数目可少一些，可在水质采样点位中选择部分有代表性的地点进行采样，如表 1-2 所示。一般来讲，沉积物采样点数目应与水质垂线剖面站位吻合。同时，考虑湖底地形对沉积的影响，应在主要河道、点源入湖口外（湖水与污水混合处）布设采样点。

表 1-2 湖泊沉积物采样点数目

湖泊面积/km^2	10～100	100～500	500～1000	1000～2000	>2000
沉积物采样点数目	4～6	5～7	6～8	7～9	≥8

1.1.3 水生生物中痕量有机污染物调查样品的采集

痕量有机污染物多为持久性有机污染物，具有生物富集性，而鱼类是湖泊水生生物中最具有代表性的，所以在调查的湖泊中采集优势鱼种，采集符合统计学要求的数量，取人类食用的肌肉组织，制备混合样品，代表调查湖泊水生生物中的污染水平。

1.1.4 水质、沉积物、水生生物样品采样点站位布设应注意的问题

为了使水质、沉积物、水生生物样品采样点站位更具有代表性、可比性，减少布点工作量，节约经费和防止给渔业生产带来麻烦，必须注意水质、沉积物、水生生物采样点站位的同一性和统一性。一般来讲，应以水质点样采样点站位为基础，根据需要尽可能选择必要的底质、水生生物采样点站位，但必须保证垂线剖面站位上水质、底质、水生生物采样点的同一性和统一性。

1.2 采样备忘清单

在采样之前对现场需要的试剂、用品、工具和小型设备列个清单，以防遗忘、耽误或影响样品的采集，包括租船、租车及物流都要列出。一般清单见表 1-3。

表 1-3　采样备忘清单

湖泊名称:　　　　　　　　　单位:　　　　　　　　负责人:

化学品	
□	硫代硫酸钠（每份 80mg）
□	甲醇（分析纯）
□	pH 校准溶液
□	去离子水 1L（现场空白）
□	电导率校准验证溶液
□	抗坏血酸
□	盐酸（1∶1）
小型设备	
□	采水器
□	抓泥斗
□	GPS
□	pH 计和探头
□	溶解氧探头
□	电导率探头
□	氧化还原电位探头
□	浊度探头
□	温度探头
材料	
□	棕色玻璃瓶及瓶盖（1L）
□	40mL 棕色玻璃瓶及带硅橡胶-聚四氟乙烯衬垫的螺旋盖
□	量筒（10mL、100mL）或移液枪及枪头
□	自封袋（大号、中号、小号）
□	记号笔
□	铝箔纸
□	丁腈手套
□	棉质手套
□	采样信息表
□	标签纸
□	冷藏箱
□	采样点信息表

续表

交通工具	
□	租船
□	租车
□	物流

1.3　水样原始记录表格

样品采集需要记录采样现场的天气、采样点的经纬度、采样目的、样品保存试剂及数量（表 1-4），现场测定参数（表 1-5），样品交接（表 1-6），以便核对。

表 1-4　湖泊水样采集记录表

湖泊名称：　　　　　　　　采样日期：　　　　　　　　天气状况：

样品编号	经纬度	监测项目	样品数量/个	存储容器	采样体积/mL	保存试剂		样品状态感官描述
						名称	添加量/mL	

表 1-5　湖泊水样现场测定参数记录表

湖泊名称：　　　　　　　　监测机构：

样品编号	采样位置		现场监测项目						
	经度	纬度	水深/m	水温/℃	pH	电导率/（μS/cm）	溶解氧/（mg/L）	浊度	…

表 1-6　水质样品交接记录表

样品编号	保存条件	样品瓶状态描述	取样量/mL	监测项目	交样人	接样人	交接日期

1.4　沉积物原始记录表格

沉积物的采样信息写在标签上（表 1-7），包括采样现场记录（表 1-8）、运输记录（表 1-9）、交接记录（表 1-10）和沉积物样品制备原始记录（表 1-11）。

表 1-7　沉积物样品标签

湖泊名称：	样品编号：
采样地点：　　省　　市/区　　县/市/区　　乡/镇　　村	
经纬度：	采样深度：
监测项目：	
监测机构：	
采样人：	采样日期：　年　月　日

表 1-8　沉积物样品采集现场记录表

湖泊名称：　　　　　　　　　　　　监测机构：

编号	采样地点	经度	纬度	采样深度/m	采样日期
采样器具	工具：□铁铲　□木铲　□采泥器　□其他 容器：□聚乙烯袋　□铝箔纸　□棕色磨口玻璃瓶　□其他				
备注：					

采样人：　　　　　　　　　　　　记录人：　　　　　　　　　　　　校核人：

年　月　日

表 1-9　沉积物样品运输记录表

湖泊名称：　　　　　　　　　　　　监测机构：

样品箱号	样品数量	运输保存方式（常温/低温/避光）	有无措施防止污染	有无措施防止破损
目的地：		运输日期：		
运输方式：				

交运人：　　　　　　　　　　　　　　　　　　　　运输负责人：

年　月　日

表 1-10　沉积物样品交接记录表

湖泊名称：　　　　　　　　　　　　　　　监测机构：

样品编号	监测项目 （有机/无机）	样品质量是否符合要求	样品瓶/袋是否完好	标签是否完好整洁	样品数量/（瓶/袋）	保存方式 （常温/低温/避光）

送样人：　　　　　　　　　　　　接样人：　　　　　　　　交接日期：　　年　月　日

表 1-11　沉积物样品制备原始记录表

湖泊名称：　　　　　　　　　　　　　　　监测机构：

样品编号	风干方式	研磨方式	过筛目数及质量	样品分装
	□自然风干 □冷冻干燥	□手动研磨 □仪器研磨 仪器名称： 仪器型号：	目数： 质量：	□样品瓶 □样品袋

制备人：　　　　　　　　　　　校核人：　　　　　　　　　审核人：

　年　月　日　　　　　　　　　　年　月　日　　　　　　　　年　月　日

1.5　生物样品采样记录表

生物样品主要采集鱼类，要记录鱼的种类、大小和数量，见表 1-12。

表 1-12　生物样品采集记录表

湖泊名称	鱼种类名称	鱼大小/cm	鱼数量/条	备注

采样人：　　　　　　　　　　　记录人：　　　　　　　　　　　校核人：

　　　　　　　　　　　　　　　　　　　　　　　　　　　　　年　月　日

1.6　有机物分析数据甄审报告

有机物测定数据是否准确，要有分析方法的质量控制和质量保证的相关记录，要有检测器校正的记录，本书化合物的测定使用质谱检测器。质谱检测器有单四极杆、串联四极杆和双聚焦磁质谱，其校正和调谐参数记录表分别见表 1-13～表 1-17。仪器调谐校正后要确定目标化合物的仪器检出限（表 1-18）、样品前处理记录（表 1-19）、方法检出限（表 1-20）、实验室空白值（表 1-21）、分析方法的初始回收率和实验过程回收率（表 1-22）、分析方法的初始精密度和实验过程精密度（表 1-23），以及样品保存时间（表 1-24），然后给出目标化合物的测定结果（表 1-25 和表 1-26）。

表 1-13　四极杆质谱仪校准记录表

单位名称：

仪器名称	
型号	
制造商	
实验室温度/℃	
实验室湿度/%	
校准日期	
校准员	
核校员	

表 1-14　GC-MS 调谐和质量校准——溴氟苯（BFB）

质荷比	离子丰度指数	是否通过[②]
50	基峰的 15%～40%	√
75	基峰的 30%～60%	√
95[①]	基峰，相对丰度为 100%	√
96	基峰的 5%～9%	√
173	小于质量数 174 的 2%	√
174	大于基峰的 50%	√
175	质量数 174 的 5%～9%	√
176	质量数 174 的 95%～101%	√
177	质量数 176 的 5%～9%	√

① 溴氟苯（BFB）的基峰。

② 通过为“√”，未通过为“×”。

表 1-15　GC-MS 调谐和质量校准——十氟三苯基膦（DFTPP）

质荷比	离子丰度指数	是否通过②
51	质量数 198 的 30%～80%	√
68	小于质量数 69 的 2%	√
69	小于质量数 198 的 100%	√
70	小于质量数 198 的 2%	√
127	质量数 198 的 25%～60%	√
197	小于质量数 198 的 1%	√
198①	基峰，相对丰度为 100%	√
199	质量数 198 的 5%～9%	√
275	质量数 198 的 10%～30%	√
365	大于质量数 198 的 0.75%	√
441	存在，但小于质量数 443 的丰度	√
442	质量数 198 的 40%～110%	√
443	质量数 442 的 15%～24%	√

① DFTPP 基峰 m/z=198 也可替换基峰为 442。

② 通过为“√”，未通过为“×”。

表 1-16　UPLC-MS/MS 质量校准

质量的理论值①/amu	质量的校正值/amu	是否通过②
22.9898	22.99	√
132.9054	132.89	√
172.8480	172.89	√
322.7782	322.78	√
472.6725	472.67	√
622.5667	622.56	√
772.4610	772.46	√
922.3552	922.37	√
1072.2494	1072.25	√
1222.1437	1222.14	√
1372.0379	1372.03	√
1521.9321	1521.93	√
1671.8264	1671.83	√
1821.7206	1821.72	√
1971.6149	1971.61	√

① 2mg/mL NaI 和 50 μg/mL CsI 溶于异丙醇：水为 1：1 的溶液中。

② 通过为“√”，未通过为“×”。

表 1-17　高分辨磁质谱调谐参数

电子能量						
捕集电流						
分辨率						

表 1-18　目标化合物的仪器检出限

单位名称：　　　　　　　　　　　日期：　　　　　　　　分析员：

化合物	监测离子质量数	全扫描模式	选择离子模式

表 1-19　目标化合物的样品前处理记录表

单位名称：　　　　　　　　　　　日期：　　　　　　　　分析员：

化合物	样品编号	样品基质	样品质量	富集、提取	浓缩	净化	定容体积

表 1-20　目标化合物的方法检出限

单位名称：　　　　　　　　　　　日期：　　　　　　　　分析员：

化合物	全扫描模式			选择离子模式		
	水	沉积物	鱼	水	沉积物	鱼

表 1-21　实验室空白值

单位名称：　　　　　　　　　　　日期：　　　　　　　　分析员：

化合物	选择离子模式		
	水	沉积物	鱼

表 1-22　分析方法的初始回收率和实验过程回收率

单位名称：　　　　　　　　　　日期：　　　　　　分析员：

化合物	初始回收率			实验过程回收率		
	水	沉积物	鱼	水	沉积物	鱼

表 1-23　分析方法的初始精密度和实验过程精密度

单位名称：　　　　　　　　　　日期：　　　　　　分析员：

化合物	初始精密度			实验过程精密度		
	水	沉积物	鱼	水	沉积物	鱼

表 1-24　样品保存时间

单位名称：　　　　　　　　　　日期：　　　　　　分析员：

样品号	基体	收样日期	测定日期	制样日期	保存时间/d①

① 保存时间定义为样品测定日期与制样日期之间的天数。

表 1-25　气相色谱-质谱法测定有机物浓度记录表

湖泊名称：　　　　　　　　　　监测机构：

送检日期：	分析日期：	仪器名称及型号：
分析方法及依据：		
前处理方法：		
气相色谱条件 进样口温度/℃： 进样方式：		

续表

色谱柱： 柱流量： 进样量： 升温程序：　　载气流量（压力）：　　mL/min（kPa）　接口温度：						
质谱条件 溶剂延迟/min： 离子源温度/℃： 四极杆温度/℃： 扫描模式：						
样品中目标化合物浓度						
分析项目	采样点					
曲线绘制日期：			连续校准是否合格：□是 □否			
备注：						

分析人：　　　　　　　　　　　　复核人：　　　　　　　　　　审核人：

　年　月　日　　　　　　　　　　　年　月　日　　　　　　　　　　年　月　日

表 1-26　液相色谱-质谱法测定有机物浓度记录表

湖泊名称：　　　　　　　　　　　　监测机构：

送检日期：	分析日期：	仪器名称及型号：
分析方法及依据：		
前处理方法：		

续表

<table>
<tr><td colspan="2">液相色谱条件
流动相：
色谱柱：
柱温：
流速：
进样量：
流动相洗脱梯度：</td></tr>
<tr><td colspan="2">质谱条件
离子源类型：
雾化器流速：
碰撞电压：
扫描模式：</td></tr>
<tr><td colspan="2">水样中浓度</td></tr>
<tr><td>分析项目</td><td>采样点</td></tr>
<tr><td></td><td></td></tr>
<tr><td></td><td></td></tr>
<tr><td>曲线绘制日期：</td><td>连续校准是否合格：□是 □否</td></tr>
<tr><td colspan="2">备注：</td></tr>
</table>

分析人： 复核人： 审核人：

年 月 日 年 月 日 年 月 日

第2章　水中挥发性有机物的测定：吹扫捕集/气相色谱–质谱法

工作札记

（1）测定水中的挥发性有机物时，样品要在有效期内，仪器环境中没有有机溶剂存在。

（2）每台仪器使用前，首先了解化合物在仪器的灵敏度、检出限和浓度响应范围。绘制标准曲线的目的主要是计算内标和目标化合物的相对响应因子，以及分析者对目标化合物在所用仪器上浓度范围的确认。

（3）测定时采用分流进样，分流比一般为 20∶1，这样有利于吹扫的目标化合物易于传输到气相色谱柱。

（4）质谱采用全扫描模式，质谱为电子轰击（EI）源电离模式时，仪器信号比较稳定，可采用单一浓度外标法定量。全扫描模式产生的质谱图用于对比 NIST 库，对化合物半定性，然后用标准品进一步定性，提取化合物的特征离子进行定量。全扫描模式还可用于发现除目标化合物外的污染物，其要求的浓度在 ppb 级（μg/L），由于是挥发性污染物，除非必要，一般不采用选择离子模式来测定 ppt 级（ng/L）以下的物质，没有实际意义。

（5）有的物质吹扫时用氮气，气相色谱–质谱以氦气为载气。如果条件允许都用氦气也可以，费用不是很高。

（6）本方法是在参考美国 EPA method 524.2，以及本实验室工作经验基础上发展起来的。

2.1　适用范围

2.1.1　范围

本方法适用于测定地表水、地下水和工业废水中的挥发性有机污染物。

2.1.2 方法检出限

方法检出限受化合物、仪器和样品基质干扰等多种条件影响。该方法目标化合物的检出限为0.02～1.6μg/L，目标化合物浓度的测定范围为0.02～200μg/L。

2.2 方法概要

样品中的挥发性有机物在吹扫管中经高纯氦气（或氮气）吹扫后，在捕集管中被吸附，然后将捕集管加热进行热脱附，氦气把热脱附出来的有机物传输到毛细管色谱柱，进行气相色谱程序升温分离后，进入质谱仪进行定性和定量测定。在同样的仪器条件下，测定标准物质，以保留时间和目标化合物的特征离子进行定性分析，利用内标法或外标法进行定量分析。

2.3 设备、材料和试剂

2.3.1 仪器设备

1. 吹扫捕集装置

吹扫捕集装置由吹扫管、捕集管和解吸附装置三部分组成，配有5mL、25mL吹扫管和捕集管，并和气相色谱–质谱仪联机。仪器条件按厂商给的条件操作。

2. 气相色谱–质谱仪

气相色谱仪：电子流量控制（EPC），具备程序升温，分流、不分流进样口，配有与吹扫捕集装置通信的软件。

色谱柱：BD-5MS（30m×0.25mm×0.25μm）或BD624（30m×0.25mm×1.4μm）或等效柱。

质谱仪：具有70eV的电子轰击（EI）源，产生的4-溴氟苯（25ng）的质谱图必须满足调谐要求。

数据处理系统：具有NIST质谱图库、手动/自动调谐、数据采集、定量分析及谱库检索等功能。

2.3.2 材料

样品瓶：40mL棕色玻璃瓶，带硅橡胶–聚四氟乙烯衬垫螺旋盖。

气密性注射器：5mL、25mL；微量注射器：10μL、25μL、50μL、100μL；容量瓶：A 级，10mL；一般实验室常用仪器和设备。

氦气：纯度≥99.999%；氮气：纯度≥99.999%。

2.3.3　试剂

空白试剂水：二次蒸馏水或通过纯水设备制备的水，使用前需经过空白检验，确认在目标化合物的保留时间区间内无干扰峰出现或目标化合物浓度低于方法检出限；甲醇（CH_3OH）：使用前需做空白试验，确认无目标化合物或目标化合物浓度低于方法检出限；盐酸（1∶1）：等体积的浓盐酸和试剂水混合；抗坏血酸（$C_6H_8O_6$）；硫代硫酸钠（$Na_2S_2SO_4$）。

标准储备溶液：ρ=200～2000μg/mL，可直接购买市售有证标准溶液，或用高浓度标准溶液配制；标准中间液：ρ=5～25μg/mL，用甲醇稀释标准储备液，保存时间为一个月；内标标准溶液：ρ=25μg/mL，宜选用 1, 2-二氯乙烷-D_4 和 1, 4-二氯苯-D_4 作为内标，可直接购买市售有证标准溶液，或用高浓度标准溶液配制；4-溴氟苯（BFB）溶液：ρ=25μg/mL，可直接购买市售有证标准溶液，也可用高浓度标准溶液配制。

注意：以上所有标准溶液均用甲醇作溶剂，在 4℃下避光保存或参照制造商的产品说明保存，使用前应恢复至室温、混匀。

2.4　样品采集、保存和储存

2.4.1　样品的采集

采集样品时，需采集双份样品。湖泊是开阔性水域，可将不锈钢采水器采集的水样放入大的容器（如 1L 的广口瓶或烧杯）。采样前，现场测定水中的余氯，没有余氯时，在采样瓶中加入 2 滴盐酸（1∶1），将水样沿瓶壁倒入 40mL 棕色瓶至瓶口有凸液面，确保瓶中不要留有气泡，封盖。每个样品用小的自封袋独立包装，以防交叉污染。

现场测得水样中有余氯并小于 5mg/L 时，需先加入 25mg 抗坏血酸或 3mg 硫代硫酸钠，以控制余氯，沿瓶壁倒入水样至一半体积时，轻轻摇晃几下后，加入 2 滴盐酸（1∶1），然后加水样至瓶口有凸液面，封盖。

注意：①如果水样中总余氯的量超过 5mg/L，需多加 25mg 抗坏血酸或 3mg 硫代硫酸钠。采集完水样后，应在样品瓶上立即贴上标签。②样品采集时，要远离运转的马达和任何类型的排气装置。所有样品均采集平行双样，每批样品应带一个全程序空白、现场空白和一个运输空白。

2.4.2 样品的保存

（1）在采集水样时，加入盐酸确保水样的 pH 小于 2。

注意：不要将抗坏血酸和硫代硫酸钠与盐酸混加在一起，要分开加。

（2）当仅分析三卤甲烷时，若采用硫代硫酸钠去除余氯，可以不加酸酸化水样，但若采用抗坏血酸去除余氯，则需要加盐酸酸化水样。

（3）当水样加盐酸溶液后产生大量气泡时，应弃去该样品，重新采集样品。重新采集的样品不应加盐酸溶液，样品标签上应注明未酸化，该样品必须在低于4℃环境下保存，并且应在 24 h 内分析。

（4）采集的样品，直到分析前均需要在低于 4℃下存放。现场样品有可能不会在采样当天就送到实验室，则需要将采集的样品用冷藏箱冷藏，运回实验室。

2.4.3 样品的储存

样品采集后，水样避光，在 0～4℃下保存，冷藏运输。样品运回实验室后应立即放入冰箱中，在 0～4℃下保存，样品存放区域应无有机物干扰。所有样品务必在 14d 内分析完毕，否则样品无效。

2.5 校准和标准

样品分析前要进行仪器的初始校准，样品在分析过程中，要进行持续校准检验。通常每批次分析样品每 12h 要进行校准检验，在每批样品分析结束时，也要进行校准检验，这样就能保证每批次的现场样品都得到了校准检验。

2.5.1 初始校准

用校准化合物对质谱进行校准，即将 20ng BFB 加入 20mL 空白试剂水中，进行吹扫捕集后，用气相色谱-质谱在 70eV 下，质量范围在 35～270amu 进行全扫描分析，得到的 BFB 关键离子丰度应满足调谐要求，否则需对质谱仪的一些参数进行调整或清洗离子源。

用中浓度（如 10～20μg/L）的标准溶液按 2.6 节操作步骤进行校准。校准标准的目的是确定气相色谱柱的分离能力和质谱的灵敏度。

2.5.2　标准曲线

仪器条件满足分析要求后，进行标准曲线的测定。

（1）标准系列要测定 5 个浓度梯度（全扫描模式：1.0μg/L、4.0μg/L、10μg/L、25μg/L 和 40μg/L），从储备液移取合适的量，移取体积不小于 10μL，直接加入装有 20mL 空白试剂水的气密性注射器中，同时加入已知恒定数量的一种或多种内标物后，加入吹扫装置。带有自动进样装置的仪器按仪器说明进行操作。

注意：吹扫装置在每次开机后和关机前应进行烘烤，确保系统无污染。

在本方法规定的色谱条件下，目标化合物的总离子流色谱图如图 2-1 所示。

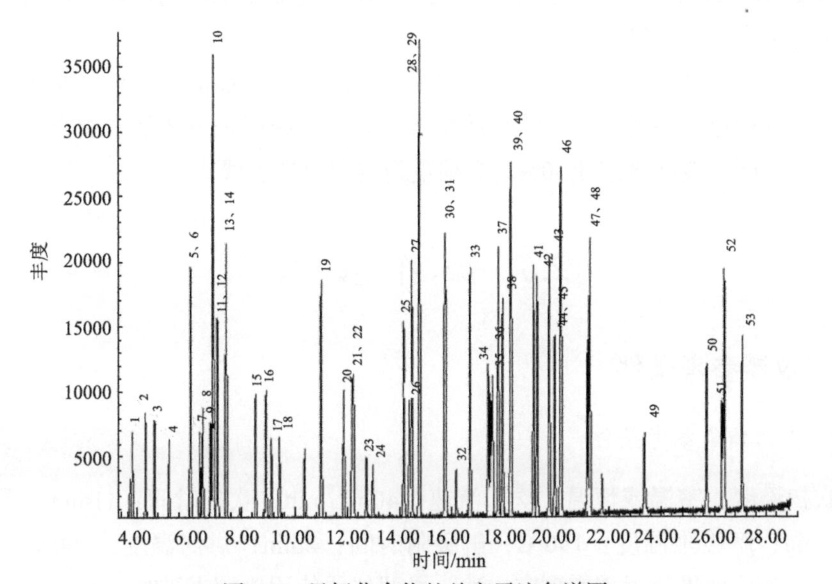

图 2-1　目标化合物的总离子流色谱图

1—1, 1-二氯乙烯；2—二氯甲烷；3—反式-1, 2-二氯乙烯；4—1, 1-二氯乙烷；5—顺式-1, 2-二氯乙烯；6—2, 2-二氯丙烷；7—溴氯甲烷；8—氯仿；9—1, 1, 1-三氯乙烷；10—1, 1-二氯丙烯；11—顺式-1, 3-二氯丙烯；12—四氯化碳；13—苯；14—1, 2-二氯乙烷；15—三氯乙烯；16—1, 2-二氯丙烷；17—二溴甲烷；18—溴二氯甲烷；19—甲苯；20—1, 1, 2-三氯乙烷；21—四氯乙烯；22—1, 3-二氯丙烷；23—一氯二溴甲烷；24—1, 2-二溴乙烷；25—氯苯；26—1, 1, 1, 2-四氯乙烷；27—乙苯；28—对二甲苯；29—间二甲苯；30—苯乙烯；31—邻二甲苯；32—溴仿；33—异丙苯；34—溴苯；35—1, 1, 2, 2-四氯乙烷；36—1, 2, 3-三氯丙烷；37—正丙苯；38—2-氯甲苯；39—4-氯甲苯；40—1, 2, 4-三甲基苯；41—1, 3, 5-三甲基苯；42—仲丁基苯；43—1, 3-二氯苯；44—叔丁基苯；45—4-异丙基甲苯；46—1, 4-二氯苯；47—1, 2-二氯苯；48—正丁基苯；49—1, 2-二溴-3-氯丙烷；50—1, 2, 4-三氯苯；51—六氯丁二烯；52—萘；53—1, 2, 3-三氯苯

（2）按 2.6 节操作程序分析每一个标准浓度。把每一种化合物和内标物的峰面积或峰高对浓度制成表格。用式（2-1）计算每种目标化合物和替代物的相对

响应因子。

目标化合物的相对响应因子（RF），按照式（2-1）进行计算。

$$RF=\frac{A_x}{A_{IS}}\times\frac{\rho_{IS}}{\rho_x} \tag{2-1}$$

式中，RF 为目标化合物的相对响应因子；A_x 为目标化合物定量离子的响应值；A_{IS} 为内标物定量离子的响应值；ρ_{IS} 为内标物的质量浓度，μg/L；ρ_x 为目标化合物的质量浓度，μg/L。

（3）计算目标化合物在标准曲线各浓度的响应因子值的精密度，如果相对标准偏差 RSD≤20%，则平均响应因子值可以用于样品中浓度的计算，否则要调整仪器条件和操作，重新测定。

（4）连续校准：在每批样品的开始和结束时，用标准曲线的中浓度进行校准，样品分析过程中每 12 个样品要校准 1 次。如果任何分析物的响应值与要求的响应值不同，变化超过±20%，必须重新测定校准曲线。

2.6 操作步骤

2.6.1 仪器参考条件

1. 吹扫捕集参考条件

吹扫温度：室温或恒温；吹扫流速：40mL/min；吹扫时间：11min；干燥时间：1min；解吸附温度：190℃；解吸附时间：2min；烘烤温度：200℃；烘烤时间：5min。如果仪器带有测定方法，参照仪器使用说明书进行。

2. 气相色谱参考条件

进样口温度：220℃；进样方式：分流进样（分流比 20∶1）；程序升温：40℃（5min），以 5℃/min 升温至 120℃，再以 20℃/min 升温至 220℃（0min）；载气：氦气；流量：1.0mL/min；接口温度：290℃。

3. 质谱参考条件

离子源：电子轰击（EI）源；离子源温度：230℃；电子能量：70eV；扫描模式：全扫描（full scan）或选择离子（SIM）。全扫描模式，质量范围：35～350amu，扫描次数每秒不低于 3 次；选择离子模式，每组输入的离子个数一般不要超过 30 个，调整每个离子的驻留时间，保证扫描次数每秒不低于 3 次；要保证溶剂延迟：2.0min；电子倍增电压：与调谐电压一致；接口温度：不要超过色谱柱的最高使用温度。其他参数参照仪器使用说明书进行设定。

注意：选择离子模式只适用于含量较低的清洁水或使用全扫描模式灵敏度达不到相应标准要求的样品。

2.6.2　测定

（1）将样品瓶恢复至室温后，以全扫描模式进行测定，用气密性注射器吸取 20mL 样品，向样品中分别加入 20ng 的 BFB 和内标溶液（1, 2-二氯乙烷-D_4 和 1, 4-二氯苯-D_4），使样品中 BFB 和内标溶液的浓度均为 1μg/L，将样品快速注入吹扫管中，按照仪器参考条件进行测定。有自动进样器的吹扫捕集仪可参照仪器说明书进行操作。

（2）使用选择离子模式进行测定时，向样品中分别加入 5ng 的 BFB 和内标溶液（1, 2-二氯乙烷-D_4 和 1, 4-二氯苯-D_4），使样品中 BFB 和内标溶液的浓度为 0.25μg/L。其余步骤按 2.6.1 节。

注意：①BFB 用于仪器质谱系统的监测；②若样品中的待测物浓度超过曲线最高点，则减少取样量；③在分析一个高浓度样品后，应分析一个或多个空白样品检查交叉污染。

2.7　定性和定量

2.7.1　定性

采用保留时间和特征离子的丰度比进行目标化合物的定性，样品中目标化合物的特征离子丰度比与理论值相差±15%，常见挥发性有机化合物的定性、定量离子见表 2-1。

表 2-1　常见挥发性有机化合物的分子量和定性、定量离子

化合物		CAS 号	分子量	定量离子质荷比	定性离子[①]质荷比
内标	氟苯	462-06-6	96	96	77
替代标	4-溴氟苯	460-00-4	174	95	174, 176
待测物	1, 2-二氯苯	95-50-1	150	152	115, 150

续表

化合物		CAS 号	分子量	定量离子质荷比	定性离子[①]质荷比
待测物	丙酮	67-64-1	58	43	58
	丙烯腈	107-13-1	53	52	53
	氯丙烯	107-05-1	76	76	49
	苯	71-43-2	78	78	77
	溴苯	108-86-1	156	156	77, 158
	溴氯甲烷	74-97-5	128	128	49, 130
	溴二氯甲烷	75-27-4	162	83	85, 127
	溴仿	75-25-2	250	173	175, 252
	溴甲烷	74-83-9	94	94	96
	2-丁酮	78-93-3	72	43	57, 72
	正丁基苯	104-51-8	134	91	134
	仲丁基苯	135-98-8	134	105	134
	叔丁基苯	98-06-6	134	119	91
	二硫化碳	75-15-0	76	76	—
	四氯化碳	56-23-5	152	117	119
	氯苯	108-90-7	112	112	77, 114
	氯丁烷	109-69-3	92	56	49
	氯乙烷	75-00-3	64	64	66
	三氯甲烷	67-66-3	118	83	85
	氯甲烷	74-87-3	50	50	52
	2-氯甲苯	95-49-8	126	91	126
	4-氯甲苯	106-43-4	126	91	126
	一氯二溴甲烷	124-48-1	206	129	127
	1, 2-二溴-3-氯丙烷	96-12-8	234	75	155, 157
	1, 2-二溴乙烷	106-93-4	186	107	109, 188
	二溴甲烷	74-95-3	172	93	95, 174
	1, 2-二氯苯	95-50-1	146	146	111, 148
	1, 3-二氯苯	541-73-1	146	146	111, 148
	1, 4-二氯苯	106-46-7	146	146	111, 148
	反式-1, 4-二氯-2-丁烯	110-57-6	124	53	88, 75

续表

	化合物	CAS 号	分子量	定量离子质荷比	定性离子①质荷比
待测物	二氯二氟甲烷	75-71-8	120	85	87
	1, 1-二氯乙烷	75-34-3	98	63	65, 83
	1, 2-二氯乙烷	107-06-2	98	62	98
	1, 1-二氯乙烯	75-35-4	96	96	61, 63
	顺式-1, 2-二氯乙烯	156-59-2	96	96	61, 98
	反式-1, 2-二氯乙烯	156-60-5	96	96	61, 98
	1, 2-二氯丙烷	78-87-5	112	63	112
	1, 3-二氯丙烷	142-28-9	112	76	78
	2, 2-二氯丙烷	594-20-7	112	77	97
	1, 1-二氯丙烷	78-99-9	110	75	110, 77
	顺式-1, 3-二氯丙烯	10061-01-5	126	43	83
	反式-1, 3-二氯丙烯	10061-02-6	110	75	110
	乙醚	60-29-7	74	59	45, 73
	乙苯	100-41-4	106	91	106
	甲基丙烯酸乙酯	97-63-2	114	69	99
	六氯丁二烯	87-68-3	258	225	260
	六氯乙烷	67-72-1	234	117	119, 201
	2-己酮	591-78-6	100	43	58
	异丙基苯	98-82-8	120	105	120
	4-异丙基甲苯	99-87-6	134	119	134, 91
	甲基丙烯腈	126-98-7	67	67	52
	丙烯酸甲酯	96-33-3	86	55	85
	二氯甲烷	75-09-2	84	84	86, 49
	甲基丙烯酸甲酯	80-62-6	100	69	99
	4-甲基-2-戊酮	108-10-1	100	43	58, 85
	甲基叔丁基醚	1634-04-4	88	73	57
	萘	91-20-3	128	128	—
	硝基苯	98-95-3	123	51	77
	2-硝基丙烷	79-46-9	89	46	—
	五氯乙烷	76-01-7	200	117	119, 167

续表

化合物		CAS 号	分子量	定量离子质荷比	定性离子[①]质荷比
待测物	丙腈	107-12-0	55	54	—
	丙苯	103-65-1	120	91	120
	苯乙烯	100-42-5	104	104	78
	1, 1, 1, 2-四氯乙烷	630-20-6	166	131	133, 119
	1, 1, 2, 2-四氯乙烷	79-34-5	166	83	131, 85
	四氯乙烯	127-18-4	164	166	168, 129
	四氢呋喃	109-99-9	72	71	72, 42
	甲苯	108-88-3	92	92	91
	1, 2, 3-三氯苯	87-61-6	180	180	182
	1, 2, 4-三氯苯	120-82-1	180	180	182
	1, 1, 1-三氯乙烷	71-55-6	132	97	99, 61
	1, 1, 2-三氯乙烷	79-00-5	132	83	97, 85
	三氯乙烯	79-01-6	130	95	130, 132
	三氯氟甲烷	75-69-4	136	101	103
	1, 2, 3-三氯丙烷	96-18-4	146	75	77
	1, 2, 4-三甲基苯	95-63-6	120	105	120
	1, 3, 5-三甲基苯	108-67-8	120	105	120
	氯乙烯	75-01-4	62	62	64
	邻二甲苯	95-47-6	106	106	91
	间二甲苯	108-38-3	106	106	91
	对二甲苯	106-42-3	106	106	91

① 第二特征离子，对化合物定性。

2.7.2 定量

根据定量离子的峰面积或峰高，采用内标法定量。当样品中目标化合物的定量离子有干扰时，允许使用辅助离子定量。

样品中目标化合物的浓度按式（2-2）进行计算。计算结果的有效数字保留：一般 99μg/L 以上保留三位有效数字，1～99μg/L 保留两位有效数字，低于 1μg/L 保留一位有效数字。

$$C_x = \frac{A_x \times m_{IS} \times 1000}{A_{IS} \times \overline{RF} \times V} \qquad (2\text{-}2)$$

式中，C_x 为样品中目标化合物的质量浓度，μg/L；A_x 为目标化合物定量离子的响应值；A_{IS} 为内标物定量离子的响应值；m_{IS} 为内标物的质量，μg；$\overline{RF}$ 为目标化合物与内标的平均响应因子；V 为样品体积，mL。

注意：质量数相似的分析物，保留时间相同时不能进行定性定量分析。共流出的相同质量数，尤其是结构异构体，要成组或成对报告。二甲苯和二氯甲苯的三个异构体中两个分不开，要报告两个的和。水中溶解度大于 2%和沸点高于 200℃，吹扫效率低，受基质影响大。

2.8　质量控制与质量保证

2.8.1　空白

在样品分析前，必须保证实验室空白试剂（LRB）不存在来源于玻璃器皿、吹扫气体、试剂水和仪器等的污染。在进入下一个分析环节前，背景污染必须控制在可接受的水平，即控制在方法检出限以下。如果存在较高的空白，消除不了，就说明实验室没有能力做这个化合物的分析。

每批次的样品分析时，要做仪器系统空白实验和实验室试剂空白实验。

测定完一个相对浓度较高的样品后立即测定一个相对浓度较低的样品可能会发生交叉污染干扰。为防止干扰，在测定高浓度样品后，用蒸馏水冲洗样品注射器和吹扫装置两次，没有残留后方可进行下一个样品的测定。分析完一个含高浓度分析物的样品之后，要做一个或多个空白分析，以判别是否存在交叉污染情况。

2.8.2　实验室分析方法的初始精密度和回收率

进行样品分析前，要进行实验室能力的验证，即进行方法的初始精密度和回收率的测定实验。用测定的样品基质四份，添加目标分析物及内标或同位素内标，其中一份只加内标或同位素内标，按分析方法步骤进行测定分析，根据测定结果计算方法的初始精密度和回收率。初始精密度要小于 20%，回收率在 80%～105%，方可进行样品测定。

2.8.3 实验室分析方法的实验过程中的精密度和回收率

每批次的样品分析中，要做实验过程中的回收率和精密度测定。分析的每个批次中，用初始精密度和回收率测定时用的基质样品，按照实际样品进行分析，将测定结果与初始精密度和回收率结果合并，计算实验过程中的精密度和回收率，进行方法的质量控制。实验过程中的精密度小于 25%，回收率在 75%～110%。

2.8.4 方法检出限

1. 仪器检出限

取标准曲线的最低浓度，按照优化的仪器条件，平行测定 7 次，计算标准偏差（S）。仪器方法检出限依据式（2-3），仪器方法定量限依据式（2-4）。

$$\text{仪器方法检出限（MDL）} = S \times 3.143\ (n=7) \tag{2-3}$$

$$\text{仪器方法定量限} = 4 \times \text{MDL} \tag{2-4}$$

2. 方法检出限

取适量的水样、沉积物和生物样品，分别加入 3～5 倍仪器检出限的目标化合物的同位素内标或内标，按照操作步骤，平行测定 7 次，计算标准偏差（S）。依据式（2-3）计算方法检出限，依据式（2-4）计算方法定量限。

2.9 白洋淀水中 VOCs 的测定结果

白洋淀水中 VOCs 的测定结果见附表 14。

第3章　有机氯农药的测定：气相色谱-质谱法

工作札记

（1）若遇到高浓度的样品，用过的玻璃器皿弃去不用[高温烘烤（300～500℃）效果不好，高温板结后，更容易吸附目标化合物]。

（2）在进行加速溶剂萃取前，萃取池、溶剂瓶需用萃取溶剂润洗，加速溶剂萃取仪需进行系统的清洗。

（3）净化层析柱用的填料，要用有机溶剂清洗去除干扰，用农残级的溶剂清洗，否则会越洗越脏。

（4）制备活化硅胶时，一定要把洗干净的硅胶充分晾干，没有残留溶剂，再放入马弗炉中高温活化，否则残留溶剂高温碳化，导致活化硅胶失败。

（5）活化好的硅胶要在高于100℃时取出放在干燥器中，冷却至室温后尽快转移至具塞锥形瓶中，用封口膜封好，储存在干燥器中备用。

（6）前处理过程中步骤较多，在转移过程中要保证目标化合物的完全转移，即移取液体后要用相应少量溶剂洗涤2次，并将洗涤液合并到移取的液体中。

（7）沉积物的有机质和硫会产生干扰。可以根据分析样品的基质不同来确定净化方法，目前使用的方法有凝胶渗透色谱（GPC）法、氨基丙基固相萃取（SPE）柱、复合氧化铝/弗罗里硅土柱、失活硅胶柱等。除硫的方法可参考相关文献，效果比较好的是，把提取液浓缩至2～3mL，加入活化好的铜粉，直至加入的铜粉不再变黑。

（8）生物组织中含有的天然脂肪对有机氯农药（OCPs）的测定分析有干扰。不同物种、不同组织中脂肪的含量差异很大，脂肪在不同有机溶剂中的溶解度也不同，含量较高的脂肪会对目标化合物的色谱图有干扰，因此生物样品的提取避免使用溶解性高的丙酮。

（9）有机氯农药的测定受酞酸酯类的干扰，对分析可能造成更大的困难，这些化合物一般在色谱图上以大的后洗脱峰出现，普通可塑性塑料中含有不同量的酞酸酯类化合物，要避免使用塑料材质的器皿。

（10）水样中添加内标或同位素内标时，标样的溶剂为甲醇和丙酮，以保证标样混匀在水样中，水样为 1L 时，标样的溶剂体积要小于 1mL，以免影响目标化合物的富集效果。

（11）沉积物样品进行加速溶剂萃取前，添加的内标要溶解在 1mL 丙酮中，逐滴加入到 2g 沉积物样品中，混匀，平衡过夜，最短不少于 4h，以使添加的内标充分浸润到沉积物基质中，然后加入适量的无水硫酸钠，把沉积物分散均匀，提高萃取效率，更好地指示目标化合物的准确测定。

（12）沉积物和生物样品最好用干重 2g 进行测定分析，这样样品的基质干扰小，提高了信噪比，比称量 10g 样品用来分析时，能获得更低的检出限。生物样品要记录好湿重、干重和脂肪的含量，以便进行换算以及与文献值进行比较。

（13）净化一般都用层析柱净化，样品分析前先用目标化合物标样进行流出曲线实验，确定流出级分的收集。流出曲线实验：在预淋洗好的层析柱头，加入 10ng 的有机氯标样进行洗脱，每 10mL 洗脱液为一级分，至目标物完全流出为止，一般用 100mL，共 10 个级分，每个级分浓缩至 20μL，确定流出曲线。

（14）在本方法的气相色谱条件下，*o,p'*-DDT 和 *p,p'*-DDT 两个峰可以很好地分开。DDT 对衬管活性及玻璃毛洁净度很敏感，当标样中 DDT 的峰分不开或丰度明显变低时，要检查更换衬管和玻璃毛。

（15）氧化氯丹和顺式-环氧七氯在 BD-5MS 色谱柱上分不开，不能采用其他文献方法上的质荷比为 262 和 264 的离子碎片。

（16）在测定多种有机氯农药时，要想获得好的色谱图以及仪器质谱检测器的分辨能力，选择离子的数量受限，各目标化合物的保留时间接近，可以编辑不同的质谱方法，进行两次或多次进样，进行不同目标化合物的测定分析。目标化合物的离子碎片选择丰度高的特征离子，在进行仪器分析前，用标样进行确定，不同的仪器和分析条件会产生不同特征离子或丰度不同。

3.1 适用范围

本方法适用于水、沉积物、生物样品中有机氯农药含量低分辨质谱和高分辨质谱的测定。

3.2 方法概要

本方法包括水、沉积物和生物样品中有机氯的提取、净化和定性定量分析。

3.2.1　样品的提取

1. 水样的富集

取 1L 水样，过 0.45μm 的玻璃纤维膜。过滤的水样中加入 1mL 含 1ng/mL 有机氯同位素添加标或内标的丙酮溶液，混匀后平衡 2h；然后用 HLB 小柱进行固相萃取。

2. 沉积物的提取

将沉积物样品冷冻干燥后研磨，过 80 目筛；然后称取 2g 左右于萃取池，加入 1mL 含 1ng/mL 有机氯同位素添加标或内标的丙酮溶液；混匀平衡过夜后，加入 10g 无水硫酸钠，混匀后用二氯甲烷∶正己烷（体积比，1∶1）或丙酮∶正己烷（体积比，1∶1）进行加速溶剂萃取或索氏提取。

3. 生物样品的提取

将解剖好的组织样品，用组织粉碎机匀浆后，冷冻干燥。然后研磨，将研磨好的样品过 80 目筛，称取 2g 左右，加入 1mL 含 1ng/mL 有机氯同位素添加标或内标的丙酮溶液，混匀后平衡过夜，加入 10g 无水硫酸钠，混匀，用二氯甲烷∶正己烷（体积比，1∶1）或丙酮∶正己烷（体积比，1∶1）进行加速溶剂萃取或索氏提取。提取液浓缩至近干，溶剂挥发至恒重，测定脂肪含量。然后用正己烷复溶进行后续净化。

3.2.2　净化

将提取液旋转蒸发或大量浓缩至 2～3mL，依次用 GPC 和硅胶柱净化分离。

3.2.3　测定

将净化好的含有目标化合物的级分大量浓缩后，氮吹微量浓缩并完全转移至含有 20μL 壬烷的内衬管，浓缩至 20μL，加入 1ng/5μL 的注射标，进行仪器分析。

3.3　设备、材料和试剂

3.3.1　仪器设备

组织匀浆仪、溶剂过滤器、真空泵、冷冻干燥仪、研磨仪、分析天平、马弗炉、加速溶剂萃取仪（索氏提取装置）、固相萃取仪、旋转蒸发仪、氮吹仪、涡旋混合器、干燥器、凝胶渗透色谱仪、气相色谱-低分辨质谱联用仪、气相色谱-高分辨质谱联用仪。

3.3.2 材料

样品瓶、瓶盖，玻璃纤维滤膜（Whatman GMF 150，孔径为 1μm）、玻璃纤维滤膜（0.45μm），鸡心瓶、KD 管，层析柱（长 30cm、内径 1cm），恒压漏斗，铁架台，玻璃纤维毛，一次性滴管，色谱柱：DB-5MS（30m×0.25mm×0.25μm 和 60m×0.25mm×0.25μm）。

3.3.3 试剂与标样

盐酸、铜粉、Bio-Beads SX-3 凝胶填料、凝胶色谱校准液、丙酮、甲苯、正己烷、甲醇、二氯甲烷、异辛烷、壬烷、去离子水。硅胶（100～200 目）。有机溶剂要求农残级。

同位素添加标：^{13}C 标记的 OCPs 标准溶液购于剑桥同位素实验室，从安瓿瓶转移至棕色样品瓶，用记号笔标好液面，用封口膜封好，冷藏在冰箱中储存。

内标：四氯间二甲苯（TCMX）和 ^{13}C 标记的十氯联苯（PCB209），有机氯的出峰时间介于这两种物质之间。

有机氯标样根据需要在不同商家购置。

注意：标样每次使用后，标记液面，并用封口膜密封保存好。仪器测定时发现有问题后立即更换。

3.3.4 层析柱填料及其制备

（1）活化硅胶：称取 300g 100～200 目硅胶装入玻璃柱中，依次用 750mL 甲醇和 500mL 二氯甲烷淋洗去除其中的杂质，然后用氮气流吹干，于通风橱中，在洁净的搪瓷盘中或干净的铝箔纸上摊开充分晾干，在马弗炉中以 550℃活化 6h，冷却至 105℃，取出放入干燥器中，冷却后放入三角瓶中密封保存。

（2）5%失活硅胶：称取 100g 活化硅胶装入具塞三角瓶中，向里面逐滴加入 5mL 的去离子水，边加边摇动，然后振摇半小时，于干燥器中密封保存，24h 后方可使用。

（3）无水硫酸钠（优级纯）：无水硫酸钠放在大的坩埚中，在马弗炉中以 600℃灼烧 6h，冷却至 105℃，在干燥器中冷却至室温，装入棕色试剂瓶中，置于干燥器中密封保存。

（4）铜粉活化：铜粉用 1∶1 的盐酸除去表面的 CuO，用去离子水冲洗大量盐酸，然后用丙酮洗涤水分，最后用二氯甲烷洗涤，以上每步各一次即可。铜粉现用现制。

（5）层析柱的制备：在长 30cm、内径 1cm 的玻璃层析柱中，底部用适量的玻璃纤维毛，加入正己烷至径口，加入 6g 的 5%失活硅胶，轻敲柱体，以使气体排出，然后加入 2g 无水硫酸钠。先用 30mL 正己烷对柱子进行预淋洗，等正己烷流至无水硫酸钠上 1～2mm 时关闭柱塞，等待上样。

（6）凝胶渗透色谱柱的制备：用 1∶1 的正己烷/二氯甲烷混合溶液，将浸泡好的 Bio-Beads SX-3 凝胶填料，填装在长 30cm、内径 2.5cm 的层析柱中，柱床高度 22.5cm。然后用 100mL 1∶1 的正己烷/二氯甲烷混合溶液预淋洗。用凝胶渗透色谱校准液来确定有机氯的流出曲线：先用 60mL 流动相冲洗杂质，再用 70mL 流动相淋洗目标化合物，收集该级分。

3.4　样品采集、保存和储存

3.4.1　水样

在采样点用水样润洗采样瓶，采集 1L 水样，加入 0.2%的甲醇，减少瓶壁对目标化合物的吸附。冷藏保存，尽快运回实验室。

注意：为了防止微生物滋生产生干扰，样品冷藏并在 72h 内富集，洗脱后的级分浓缩冷藏保存待测定分析。

3.4.2　沉积物

表层沉积物采用重力抓斗式采泥器采集 0～10cm 层面的沉积物，每个采样点呈正三角形布点，间隔 1m，采集 3 个样品，混匀后，取 500g。柱状沉积物采用柱状采泥器采集，也是每个采样点呈正三角形布点，间隔 1m，采集 3 个柱状样，每根按 5cm 的长度现场分割，3 个柱状样的相同深度样品混合在一起为子样品。采集的样品用溶剂清洗过的铝箔纸包好，在自封袋中保存，冷藏运回实验室，冷冻保存。

3.4.3　生物样品

采集鱼类样品时，至少采集 3 条，现场洗净、解剖，取需要的组织，然后用溶剂清洗过的铝箔纸包好，在自封袋中保存。在当地冷冻后，冷藏运回实验室，冷冻保存。

3.5 校准和标准

样品分析前要进行仪器的初始校准，样品的分析过程中要进行持续校准检验。一般每批次分析样品过程中每 12h 要进行校准检验，在每批次样品分析结束时，也要进行校准检验，这样就能保证每批次的现场样品都得到了校准检验。

3.5.1 初始校准

优化 GC-MS 运行参数，保证分析化合物的分离度和灵敏度。

（1）气相色谱条件：升温程序，初始温度 70℃（保持 1min），以 4℃/min 升温至 290℃，保持 10min。以高纯氦气为载气，流量为 0.8mL/min；不分流进样，进样量为 1μL；进样口温度为 225℃，接口温度为 290℃。

（2）低分辨质谱参数：电子轰击离子源，电子能量为 70eV，离子源温度为 230℃，四极杆温度为 150℃，选择离子模式。

用校准化合物校准质谱的质量数和丰度。将 25ng 十氟三苯基膦（DFTPP），在 70eV 下，质量范围在 50～500amu 进行全扫描分析，得到的 DFTPP 关键离子丰度应满足调谐要求，否则需对质谱仪的一些参数进行调整或清洗离子源。

（3）用中浓度（如 10～20μg/L）的标准溶液按 3.6 节操作步骤进行校准。校准标准的目的是确定气相色谱柱的分离能力和质谱的灵敏度。

（4）有机氯低分辨质谱的特征离子参考表 3-1。目标化合物的离子碎片选择丰度高的特征离子，在进行仪器分析前，用标样进行确定，不同的仪器和分析条件会使特征离子的丰度不同。为了避开基质干扰，也可选择丰度低、特征强的离子碎片。

表 3-1 低分辨质谱目标化合物特征离子

化合物	英文名称	CAS 号	分子量	定量离子质荷比	定性离子质荷比
五氯苯	pentachlorobenzene	608-93-5	248	250	248
α-六六六	*α*-BHC	319-84-6	288	183	181, 109
六氯苯	hexachlorobenzene	118-74-1	282	284	286, 282
β-六六六	*β*-BHC	319-85-7	288	181	183, 109
γ-六六六	*γ*-BHC	58-89-9	288	183	181, 109

续表

化合物	英文名称	CAS 号	分子量	定量离子质荷比	定性离子质荷比
δ-六六六	δ-BHC	319-86-8	288	183	181, 109
七氯	heptachlor	76-44-8	370	100	272, 274
艾氏剂	aldrin	309-00-2	362	66	263, 265
氧化氯丹	oxychlordane	27304-13-8	420	387	389, 185
顺式-环氧七氯	*cis*-heptachlor epoxide	1024-57-3	389	353	355, 351
反式-环氧七氯	*trans*-heptachlor epoxide	28044-83-9	389	353	355, 351
反式-氯丹（γ）	*trans*-chlordane	5103-74-2	406	373	375
顺式-氯丹（α）	α-chlordane	5103-71-9	406	373	375
反式-九氯	*trans*-nonachlor	39765-80-5	440	409	407, 411
α-硫丹	endosulfan Ⅰ	959-98-8	404	195	339, 341
狄氏剂	dieldrin	60-57-1	378	79	263, 279
异狄氏剂	endrin	72-20-8	378	263	82, 81
β-硫丹	endosulfan Ⅱ	33213-65-9	404	337	339, 341
顺式-九氯	*cis*-nonachlor	5103-73-1	440	409	407, 411
开蓬	kepone	143-50-0	486	272	274
灭蚁灵	mirex	2385-85-5	540	272	274
o, p'-滴滴伊	2, 4'-DDE	3424-82-6	316	246	248, 176
p, p'-滴滴伊	4, 4'-DDE	72-55-9	316	246	248, 176
o, p'-滴滴滴	2, 4'-DDD	53-19-0	318	235	237, 165
p, p'-滴滴滴	4, 4'-DDD	72-54-8	318	235	237, 165
o, p'-滴滴涕	2, 4'-DDT	789-02-6	352	235	237
p, p'-滴滴涕	4, 4'-DDT	50-29-3	352	235	237, 165

（5）高分辨质谱参数：电子轰击离子源，电子能量为 35eV，用全氟煤油（PFK）调谐，在质量碎片 280.9825amu（或 PFK 其他碎片 250～300amu）的分辨率大于 8000。并根据仪器手册设置相应参数，保证色谱峰型。

注意：不同类型的 PFK 可产生不同程度的污染，过量的 PFK（或其他参考物质）会污染离子源。高分辨质谱不适用 ppm 级的污染物的分析，ppm 级的质量偏移会对仪器的性能产生严重影响，当样品的分析时间超过质谱的稳定时间时，应通过 PFK 进行质量偏移校正。

最低浓度要满足仪器最低检出限，有机氯高分辨质谱特征离子丰度比参考表 3-2，信噪比要大于 10。

表 3-2 目标化合物扫描窗口、出峰次序、特征离子及丰度比
（色谱柱：DB-5MS 60m×0.25mm×0.25μm）

扫描窗口	保留时间/min	化合物	特征离子质荷比		质荷比类型	特征离子丰度比	
			自然	标记		*m*/（*m*+2）理论值±15%	
F1	30	五氯苯	249.8492 251.8462	255.8693 257.8663	*m* *m*+2	1.54±0.15	1.72±0.15
	35.29	*α*-六六六	218.9116 220.9006	222.9346 224.9317	*m* *m*+2	2.11±0.15	0.78±0.15
	35.5	六氯苯	283.8102 285.8073	289.8303 291.8273	*m* *m*+2	1.28±0.15	1.36±0.15
	36.55	*β*-六六六	218.9116 220.9006	222.9346 224.9317	*m* *m*+2	2.07±0.15	0.72±0.15
	37.08	*δ*-六六六	218.9116 220.9006	222.9346 224.9317	*m* *m*+2	2.08±0.15	0.75±0.15
	38.47	*γ*-六六六	218.9116 220.9006	222.9346 224.9317	*m* *m*+2	2.11±0.15	0.74±0.15
	37.94	PCB15 ^{13}C	234.0406	236.0376			
F2	40.89	七氯	271.8102 273.8072	276.8269 278.8240	*m* *m*+2	1.30±0.15	1.36±0.15
	42.72	艾氏剂	262.8569 264.8541	269.8804 271.8775	*m* *m*+2	1.62±0.15	1.82±0.15
	44.60	氧化氯丹	386.8053 388.8024	396.8387 398.8358	*m* *m*+2	1.04±0.15	1.02±0.15
	44.60	顺式-环氧七氯	352.8442 354.8413	362.8782 364.8753	*m* *m*+2	1.18±0.15	1.20±0.15
	44.80	反式-环氧七氯	352.8442 354.8413	362.8782 364.8753	*m* *m*+2	1.18±0.15	1.20±0.15
F3	45.75	反式-氯丹（*γ*）	372.8260 374.8231	382.8595 384.8565	*m* *m*+2	1.51±0.15	1.44±0.15
	46.35	顺式-氯丹（*α*）	372.8260 374.8231	382.8595 384.8565	*m* *m*+2	1.51±0.15	1.44±0.15
	46.48	反式-九氯	406.7870 408.7841	416.8205 418.8175	*m* *m*+2	0.88±0.15	0.90±0.15

续表

扫描窗口	保留时间/min	化合物	特征离子质荷比		质荷比类型	特征离子丰度比 m/（m+2）理论值±15%	
			自然	标记			
F3	47.69	α-硫丹	262.8569	269.8804	m	1.59±0.15	1.69±0.15
			264.8541	271.8775	m+2		
	47.78	狄氏剂	262.8569	269.8804	m	1.58±0.15	1.59±0.15
			264.8541	271.8775	m+2		
	48.70	异狄氏剂	262.8569	269.8804	m	1.64±0.15	1.78±0.15
			264.8541	271.8775	m+2		
	49.17	β-硫丹	262.8569	269.8804	m	1.57±0.15	1.66±0.15
			264.8541	271.8775	m+2		
	49.36	顺式-九氯	406.7870	416.8205	m	0.92±0.15	0.91±0.15
			408.7841	418.8175	m+2		
F4	56.40	开蓬	271.8102	276.8269	m	1.3 ±0.15	1.23±0.15
			273.8072	278.8240	m+2		
	56.40	灭蚁灵	236.8413	241.8581	m	2.37±0.15	1.66±0.15
			238.8304	243.8551	m+2		
		异艾氏剂 ^{13}C（isodrin ^{13}C）	269.8804	271.8775			
F1（第二次进样）	45.77	o, p'-滴滴伊	246.0003	258.0405	m	1.63±0.15	1.58±0.15
			247.9975	260.0376	m+2		
	47.28	p, p'-滴滴伊	246.0003	258.0405	m	1.38±0.15	1.56±0.15
			247.9975	260.0376	m+2		
	47.60	p, p'-滴滴滴	235.0081	247.0484	m	1.45±0.15	1.57±0.15
			237.0053	249.0455	m+2		
	49.26	o,p'-滴滴涕	235.0081	247.0484	m	1.34±0.15	1.68±0.15
			237.0053	249.0455	m+2		
	49.41	p, p'-滴滴涕	235.0081	247.0484	m	1.46±0.15	1.77±0.15
			237.0053	249.0455	m+2		
	51.03	o, p'-滴滴滴	235.0081	247.0484	m	1.59±0.15	1.54±0.15
			237.0053	249.0455	m+2		
		PCB15 ^{13}C	234.0406	236.0376			

3.5.2　标准

（1）内标法：仪器条件满足分析要求后，进行标准曲线的测定。标准系列要测定 5 个浓度梯度，CS1～CS5 目标化合物的浓度分别为 1ng/mL、5ng/mL、10ng/mL、40ng/mL、200ng/mL，内标化合物的浓度为 20ng/mL。按 3.5.1 节仪器条件分析每一个标准浓度。计算每一种目标化合物和内标化合物的峰面积或峰高，用式（3-1）计算每种目标化合物和内标化合物的相对响应因子（RF），然后按式（3-2）求出每种化合物的平均相对响应因子 $\overline{\text{RF}}$ ，按式（3-3）和式（3-4）求出标准偏差（SD）和相对标准偏差（RSD）。每个化合物的 RF 值的 RSD 要小于 20%，否则要调整仪器条件，重新测定。

$$\text{RF}=\frac{(A1_{\text{s}}+A2_{\text{s}})C_{\text{IS}}}{(A1_{\text{IS}}+A2_{\text{IS}})C_{\text{s}}} \tag{3-1}$$

式中，RF 为目标化合物的相对响应因子；$A1_{\text{s}}$ 为目标化合物定量离子的响应值；$A2_{\text{s}}$ 为目标化合物定性离子的响应值；$A1_{\text{IS}}$ 为内标化合物定量离子的响应值；$A2_{\text{IS}}$ 为内标化合物定性离子的响应值；C_{IS} 为内标化合物的浓度；C_{s} 为目标化合物的浓度。

$$\overline{\text{RF}}=\frac{\sum_{i=1}^{n}\text{RF}_i}{n} \tag{3-2}$$

$$\text{SD}=\sqrt{\frac{\sum_{i=1}^{n}(\text{RF}_i-\overline{\text{RF}})^2}{n-1}} \tag{3-3}$$

$$\text{RSD}=\frac{\text{SD}}{\overline{\text{RF}}} \tag{3-4}$$

（2）同位素稀释法：同位素稀释校准溶液浓度，CS1～CS5 目标化合物的浓度分别为 0.4ng/mL、2.0ng/mL、10ng/mL、40ng/mL、200ng/mL，同位素标记的浓度为 20ng/mL。

目标化合物与其同位素相对响应（RR）计算：

$$\text{RR}=\frac{(A1_{\text{n}}+A2_{\text{n}})C_{\text{l}}}{(A1_{\text{l}}+A2_{\text{l}})C_{\text{n}}} \tag{3-5}$$

式中，$A1_{\text{n}}$ 和 $A2_{\text{n}}$ 为测定的各有机氯的两个特征离子的峰面积；$A1_{\text{l}}$ 和 $A2_{\text{l}}$ 为同位素标记两个特征离子的峰面积；C_{n} 为有机氯标样的浓度；C_{l} 为同位素标记的有机氯的浓度。计算每个浓度的有机氯的相对响应值，然后计算其平均值（ $\overline{\text{RR}}$ ）

和相对标准偏差（RSD），每个化合物的 RR 值的 RSD 要小于 20%。

（3）高分辨磁质谱每天要进行调谐、质量校正以及标准曲线中浓度的仪器响应检查，达不到要求时要调整仪器条件，重新测定。

（4）连续校准：在每批样品分析开始和结束时，用标准曲线的中浓度进行校准，每个批次的样品分析过程中要校准 1 次。如果任何分析物的响应值与要求的响应值不同，变化超过±20%时，要查找原因，如色谱柱、衬管、进样针和离子源等是否正常。

3.6　操 作 步 骤

3.6.1　样品的准备

样品的准备是要样品的物理形态有利于分析物有效萃取。通常样品须是液体或细微颗粒状态。

1. 水样

采集的水样用 0.45μm 的混合纤维膜过滤，去除悬浮性物质。过滤后的水样备用，膜上的悬浮颗粒物用干净的铝箔纸包好，冷冻保存，如果测定其中污染物的含量，可按固体样品处理。

2. 沉积物和生物样品

将采集的沉积物冷冻干燥后，用研钵或球磨仪研磨，过 80 目筛，然后避光密封放在冰箱中低温保存。冷冻的生物样品用组织粉碎机匀浆，冷冻干燥后，同沉积物操作；或匀浆后直接加适量的无水硫酸钠脱水干燥后，进行下一步萃取。

3.6.2　萃取和浓缩

1. 水样

取 1L 过滤好的水样，加入 1ng 溶解在甲醇中的有机氯同位素添加标或内标，平衡 2h。进行富集前将 HLB 固相萃取柱活化，在重力条件下，依次用二氯甲烷、甲醇和试剂水各 10mL 淋洗萃取柱，弃掉淋洗液。将平衡好的水样上样至萃取柱，流速为 5～10mL/min，上样完毕后，真空干燥萃取柱 30min。然后用 10mL 二氯甲烷洗脱萃取柱，淋洗液用合适规格和体积的器皿收集（如离心管或

KD 管），初始洗脱液可在真空中滴下，然后在重力作用下完成洗脱。最后将萃取液用氮气微量浓缩并完全转移至装有 20μL 壬烷的衬管中，氮气微量浓缩至 20μL。

2. 沉积物和生物样品

称取 2g 左右研磨好的样品，加入 1ng/mL 有机氯同位素添加标或内标的丙酮溶液 1mL，混匀，平衡不少于 2h；然后加入 10g 无水硫酸钠，混匀后用二氯甲烷：正己烷（体积比，1：1）或丙酮：正己烷（体积比，1：1）进行加速溶剂萃取（仪器参数按仪器操作说明书设置）或索氏提取。沉积物的提取液用旋转蒸发仪或其他浓缩装置大量浓缩至 2～3mL，以进行下一步净化。生物样品的萃取液氮吹质量恒定，进行脂肪含量的测定，然后用正己烷复溶进行下一步净化。

3.6.3 净化

1. 水样

水样富集后的洗脱液不澄清或有颜色，可用碳柱或硅胶柱净化。碳柱采用 0.5mL 小柱，硅胶柱采用一次性滴管中加入玻璃毛、放入适量的 5%硅胶的自制小柱。净化时用 3 倍柱体积的正己烷预淋洗净化柱，上样后，用 3 倍柱体积洗脱液洗脱，洗脱液用氮气微量浓缩并定量转移至装有 20μL 壬烷的内衬管样品瓶中，待测。测定前加入 1ng 注射标用涡旋器混匀（10μL，以确保样品浓度在仪器的信号稳定范围内）。

2. 沉积物

沉积物的萃取液如果呈黄色，可在 3.6.2 节的萃取液中，加入 3.3.4 节中活化好的铜粉除去含硫化合物，然后将萃取液转移至 3.3.4 节制备好的硅胶层析柱的柱头。打开柱塞，使洗脱液以 20 滴/min 流出，然后用 2mL 正己烷洗涤萃取液器皿 2～3 次，以使萃取物完全进入硅胶柱上，等液面至无水硫酸钠上 1～2mm，用 60mL 正己烷洗脱，以保证柱塞式洗脱。用鸡心瓶接收萃取液，洗脱液先大量浓缩至 2～3mL，再用氮气微量浓缩并定量转移至装有 20μL 壬烷的内衬管样品瓶，待测。

3. 生物样品

测定脂肪含量后用正己烷复溶的萃取液，用 3.3.4 节的凝胶渗透层析柱去除脂肪。洗脱液浓缩至 2～3mL，然后同沉积物的净化步骤。

3.6.4　仪器分析

将净化浓缩好的 20μL 壬烷萃取液，加入 1ng 注射标，调整浓度，最好加入的体积不要超过 10μL，最后使总体积在 30μL 左右，以确保样品浓度在仪器的信号稳定范围内。按 3.5 节校准好的仪器条件进行测定。

3.7　定性和定量

3.7.1　定性

目标化合物的定性，采用保留时间和特征离子的丰度比进行定性，样品中目标化合物的特征离子丰度比与理论值相差±15%，常见有机氯化合物的定性定量离子见表 3-1 和表 3-2。

低分辨质谱，其特征离子根据具体的仪器确定定量离子及丰度，一般选择丰度高的质量离子碎片，也可以结合样品基质的干扰情况选择其他特征离子。

3.7.2　定量

1. 同位素稀释法定量

（1）水样中有机氯浓度的计算：

$$C = \frac{(A1_{\mathrm{n}} + A2_{\mathrm{n}})C_1}{(A1_1 + A2_1)\mathrm{RR}} \times 1000 / V \tag{3-6}$$

式中，C 为样品中有机氯的浓度，pg/L；C_1 为加入的同位素标的质量，ng；V 为水样的体积，L；其他符号同前。

（2）沉积物和生物样品中有机氯浓度的计算：

$$C = \frac{(A1_{\mathrm{n}} + A2_{\mathrm{n}})C_1}{(A1_1 + A2_1)\mathrm{RR}} \times 1000 / W \tag{3-7}$$

式中，C 为样品中有机氯的浓度，pg/g；C_1 为加入的同位素标的质量，ng；W 为称取的样品的质量，g；其他符号同前。

2. 内标法定量

（1）水样中有机氯浓度的计算：

$$C=\frac{(A1_{\mathrm{n}}+A2_{\mathrm{n}})C_{\mathrm{IS}}}{(A1_{\mathrm{IS}}+A2_{\mathrm{IS}})\overline{\mathrm{RF}}}\times 1000/V \tag{3-8}$$

式中，C 为样品中有机氯的浓度，pg/L；C_{IS} 为加入的同位素标的质量，ng；V 为水样的体积，L；其他符号同前。

（2）沉积物和生物样品中有机氯浓度的计算：

$$C=\frac{(A1_{\mathrm{n}}+A2_{\mathrm{n}})C_{\mathrm{IS}}}{(A1_{\mathrm{IS}}+A2_{1})\overline{\mathrm{RF}}}\times 1000/W \tag{3-9}$$

式中，C 为样品中有机氯的浓度，pg/g；C_{IS} 为加入的同位素标的质量，ng；W 为称取的样品的质量，g；其他符号同前。

注意：①样品测定中内标的回收率要大于 60%，样品浓度按式（3-8）和式（3-9）计算，不用回收率来矫正，因为对于痕量分析，误差比较大。②如果干扰物影响软件自动积分，应手动积分。如果某目标化合物峰面积超过校准范围，应对萃取液进行稀释以保证浓度在校准范围内。调整注射标的浓度，分析稀释后的萃取液。③计算结果要保留 2～3 位有效数字。

3.8 质量控制与质量保证

3.8.1 空白

在样品分析前，必须保证实验室空白试剂（LRB）不存在来源于玻璃器皿、试剂水和仪器等的污染。在进入下一个分析环节前，背景污染必须控制在可接受的水平，即控制在方法检出限以下。

每批次的样品分析时，要做仪器系统空白实验和实验室试剂空白实验。

测定完一个相对浓度较高的样品后立即测定一个相对浓度较低的样品可能会发生交叉污染干扰。分析完一个含高浓度分析物的样品之后，要做一个或多个空白分析，直至分析系统没有残留。

3.8.2 实验室分析方法的初始精密度和回收率

进行样品分析前，要进行方法的初始精密度和回收率的测定实验，实际操作见 2.8.2 节或术语表，初始精密度要小于 20%，回收率在 80%～105%，方可进行样品测定。

3.8.3　实验室分析方法的实验过程中的精密度和回收率

每批次的样品分析时，都要测定实验过程中的精密度和回收率，实际操作见 2.8.2 节或术语表，实验过程中的精密度小于 25%，回收率在 75%～110%。

3.8.4　方法检出限

同 2.8.4 节。

3.9　白洋淀水、沉积物和鱼中有机氯的浓度

白洋淀水、沉积物和鱼中有机氯的浓度见附表 15。

第4章　多环芳烃的测定：气相色谱-质谱法

工 作 札 记

（1）多环芳烃在自然界中普遍存在，浓度相对较高，一般采用低分辨质谱就可以，进样体积可根据样品浓度为20μL～0.5mL。

（2）多环芳烃不同于其他化合物，其丰度高的特征离子只有一个，所以定性准确性欠缺。有条件的话用同位素稀释法，加入标记的目标化合物，来提高定性的准确性。

（3）标准曲线一般要有5个浓度水平，其中一个浓度应接近但是高于方法检出限，其余的浓度水平应限定在气相色谱-质谱的工作范围内。

（4）标准溶液使用后标好液面，用封口膜密封保存好，校核标准比较发现有问题时立即更换。

（5）高环的多环芳烃在BD-5MS色谱柱上检测时，受柱子洁净度影响较大，如果样品净化得不干净，信号响应不好。

（6）制备层析柱时，底部用适量的玻璃纤维毛，松紧适中，既不能让填料流失，也不能使洗脱液受阻。

4.1　适 用 范 围

本方法适用水、沉积物、生物样品中多环芳烃含量低分辨质谱和高分辨质谱的测定。

本方法的检出限和定量水平主要取决于环境样品基质和前处理方法的影响。

4.2　方 法 概 要

本方法包括水、沉积物和生物样品中多环芳烃的提取、净化和定性定量分析。

4.2.1　样品的提取

1. 水样的富集

取 1L 水样，过 0.45μm 的玻璃纤维膜，过滤的水样中加入 1mL 含 10ng/mL 多环芳烃同位素添加标或内标的丙酮溶液，混匀后平衡 2h；然后用 HLB 小柱进行固相萃取。

2. 沉积物的提取

将沉积物样品冷冻干燥后研磨，过 80 目筛；然后称取 2g 左右于萃取池，加入 1mL 含 10ng/mL 多环芳烃同位素添加标或内标的丙酮溶液；混匀后平衡过夜，然后加入 10g 无水硫酸钠，混匀后用二氯甲烷：正己烷（体积比，1：1）或丙酮：正己烷（体积比，1：1）进行加速溶剂萃取或索氏提取。

3. 生物样品的提取

将解剖好的组织样品，用组织粉碎机匀浆后，冷冻干燥。然后研磨，将研磨好的样品过 80 目筛，称取 2g 左右，加入 1mL 含 10ng/mL 多环芳烃同位素添加标或内标的丙酮溶液，混匀后平衡过夜，加入 10g 无水硫酸钠，混匀，用二氯甲烷：正己烷（体积比，1：1）或丙酮：正己烷（体积比，1：1）进行加速溶剂萃取或索氏提取。提取液浓缩至近干，溶剂挥发至恒重，测定脂肪含量，然后用正己烷复溶进行后续净化。

4.2.2　净化

萃取液旋转蒸发或大量浓缩至 2～3mL，依次用 GPC 和硅胶柱净化分离。

4.2.3　测定

将净化好的含有目标化合物的级分大量浓缩后，氮吹微量浓缩并完全转移至 2mL 棕色进样瓶，用正己烷或异辛烷定容至 0.5mL，或转移至含有 20μL 壬烷的内衬管，浓缩至 20μL，加入 10ng/5μL 的注射标，进行仪器分析。

4.3　设备、材料和试剂

4.3.1　仪器设备

仪器设备同 3.3.1 节。

4.3.2 材料

色谱柱：DB-5MS（30m×0.25mm×0.25μm），其他同 3.3.2 节。

4.3.3 试剂

多环芳烃内标：2-氟联苯、十氟联苯、多环芳烃氘代同位素添加标、注射标溶液、标准曲线溶液，也可根据需要采用其他内标，可直接购买市售有证标准溶液。其他试剂同 3.3.3 节。

4.3.4 层析柱填料的制备

层析柱的制备：在长 30cm、内径 1cm 的玻璃层析干法装柱，底部用适量的玻璃纤维毛，既不能让填料流失，又不能使洗脱液受阻。用洗耳球一边轻轻敲打柱子，一边加入 6g 活化硅胶，然后加入 2g 无水硫酸钠。先用 30mL 正己烷对柱子进行预淋洗，等正己烷流至无水硫酸钠上 1～2mm 时关闭柱塞，等待上样。

活化硅胶、凝胶渗透色谱柱的制备方法见 3.3.4 节。

4.4 样品采集、保存和储存

样品采集、保存和储存同 3.4 节。

4.5 校准和标准

样品分析前要进行仪器的初始校准，样品的分析过程中要进行持续校准检验。一般每批次样品分析过程中每 12h 要进行校准检验，在每批次样品分析结束时，也要进行校准检验，这样就能保证每批次的现场样品都得到了校准检验。

4.5.1 初始校准

优化 GC-MS 运行参数，保证分析化合物的分离度和灵敏度。

1. 气相色谱条件

升温程序：初始温度 60℃（保持 2min），先以 10℃/min 升温至 120℃，再以 4℃/min 升温至 290℃，保持 10min。以高纯氦气为载气，流量为 1mL/min；

不分流进样，进样量为 1μL；进样口温度为 250℃；接口温度为 290℃。需要注意的是，升温程序要保证蒽和菲两个峰分开，文献中会有不同的升温程序，这是本书实验中最好的（图 4-1）。

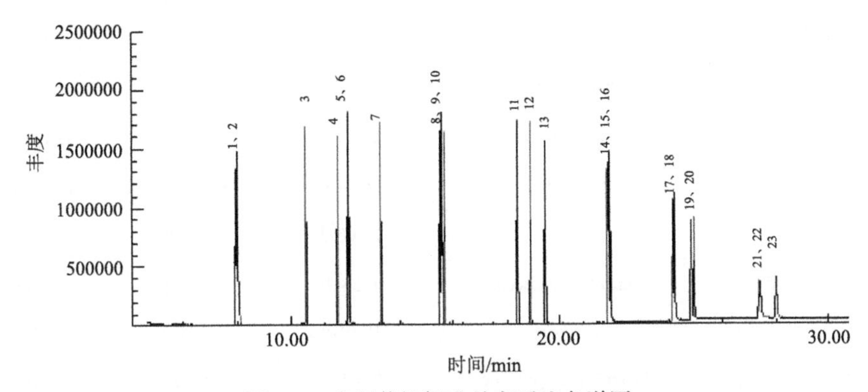

图 4-1　多环芳烃标准总离子流色谱图

1—萘-D_8；2—萘；3—2-氟联苯；4—苊烯；5—苊-D_{10}；6—苊；7—芴；8—菲；9—菲-D_{10}；10—蒽；11—荧蒽；12—芘；13—对三联苯-D_{14}；14—苯并(*a*)蒽；15—䓛-D_{12}；16—䓛；17—苯并(*b*)荧蒽；18—苯并(*k*)荧蒽；19—苯并(*a*)芘；20—苝-D_{12}；21—茚并(1, 2, 3-*cd*)芘；22—二苯并(*a, h*)蒽；23—苯并(*g, h, i*)苝

2. 低分辨质谱参数

电子轰击离子源，电子能量为 70eV，离子源温度为 230℃，四极杆温度为 150℃，选择离子模式。

用校准化合物校准质谱的质量数和丰度。将 25ng DFTPP，在 70eV 下，质量范围在 50～500amu 进行全扫描分析，得到的 DFTPP 关键离子丰度应满足调谐要求，否则需对质谱仪的一些参数进行调整或清洗离子源。

用中浓度（如 20～50μg/L）的标准溶液按 4.6 节操作步骤进行校准。校准标准的目的是确定气相色谱柱的分离能力（图 4-1）和质谱的灵敏度。

多环芳烃的特征离子参考表 4-1。多环芳烃的特征离子只有一个最高，其他都很低，所以定性的准确性较差，可采用同位素稀释法，以准确定性定量。其特征离子和出峰先后次序由上到下见表 4-1。

最低浓度要满足仪器最低检出限，特征离子的信噪比要大于 10。

表 4-1　目标化合物的特征离子

化合物	英文名称	CAS 号	质荷比	氘代质荷比
萘	naphthalene	91-20-3	128.0626	136.1128
苊烯	acenaphthylene	208-96-8	152.0626	160.1128

续表

化合物	英文名称	CAS 号	质荷比	氘代质荷比
苊	acenaphthene	83-32-9	154.0782	164.1410
芴	fluorene	86-73-7	166.0782	176.1410
菲	phenanthrene	85-01-8	178.0782	188.1410
蒽	anthracene	120-12-7	178.0782	188.1410
荧蒽	fluoranthene	206-44-0	202.0782	212.1410
芘	pyrene	129-00-0	202.0782	212.1410
苯并(*a*)蒽	benzo(*a*)anthracene	56-55-3	228.0939	240.1692
䓛	chrysene	218-01-9	228.0939	240.1692
苯并(*b*)荧蒽	benzo(*b*)fluoranthene	205-99-2	252.0939	264.1692
苯并(*k*)荧蒽	benzo(*k*)fluoranthene	207-08-9	252.0939	264.1692
苯并(*a*)芘	benzo(*a*)pyrene	50-32-8	252.0939	264.1692
二苯并(*a*, *h*)蒽	dibenz(*a*, *h*)anthracene	50-70-3	278.1096	292.1974
苯并(*g*, *h*, *i*)苝	benzo(*g*, *h*, *i*)perylene	191-24-2	276.0939	288.1692
茚并(1, 2, 3-*cd*)芘	indeno(1, 2, 3-*cd*)pyrene	193-39-5	276.0939	288.1692

4.5.2 校准

1. 内标法校准

仪器条件满足分析要求后，进行标准曲线的测定。标准系列要测定 5 个浓度梯度，CS1～CS5 目标化合物的浓度分别为 1ng/mL、5ng/mL、10ng/mL、40ng/mL、200ng/mL，内标化合物的浓度为 20ng/mL。按 4.5.1 节仪器条件分析每个标准浓度。计算每种化合物和内标化合物的峰面积或峰高，用式（4-1）计算每种目标化合物和内标化合物的相对响应因子（RF），然后按式（4-2）求出每种化合物的平均相对响应因子 $\overline{\mathrm{RF}}$，按式（4-3）和式（4-4）求出标准偏差（SD）和相对标准偏差（RSD）。每个化合物的 RF 值的 RSD 要小于 20%，否则要调整仪器条件，重新测定。

$$\mathrm{RF}=\frac{A_{\mathrm{s}}\times C_{\mathrm{IS}}}{A_{\mathrm{IS}}\times C_{\mathrm{s}}} \tag{4-1}$$

式中，RF 为目标化合物的相对响应因子；A_s 为目标化合物定量离子的响应值；A_{IS} 为内标化合物定量离子的响应值；C_{IS} 为内标化合物的浓度；C_s 为目标化合物的浓度。

$$\overline{RF}=\frac{\sum_{i=1}^{n} RF_i}{n} \tag{4-2}$$

$$SD=\sqrt{\frac{\sum_{i=1}^{n}(RF_i-\overline{RF})^2}{n-1}} \tag{4-3}$$

$$RSD=\frac{SD}{\overline{RF}} \tag{4-4}$$

2. 同位素稀释法校准

同位素稀释校准溶液浓度，CS1～CS5 目标化合物的浓度分别为 0.4ng/mL、2.0ng/mL、10ng/mL、40ng/mL、200ng/mL，同位素标记的浓度为 20ng/mL。

目标化合物与其同位素相对响应（RR）计算：

$$RR=\frac{A_n \times C_1}{A_1 \times C_n} \tag{4-5}$$

式中，A_n 为测定的各有机氯的两个特征离子的峰面积；A_1 为同位素标记两个特征离子的峰面积；C_n 为有机氯标样的浓度；C_1 为同位素标记的有机氯的浓度。计算每个浓度的有机氯的相对响应值，然后计算其平均值（$\overline{RR}$）和相对标准偏差（RSD），每个化合物的 RR 值的 RSD 要小于 20%。

3. 连续校准

在每批次样品分析开始和结束时，用标准曲线的中浓度进行校准，每批次的样品分析过程中要校准 1 次。如果任何分析物的响应值与要求的响应值不同，变化超过±20%，要查找原因，如色谱柱、衬管、进样针和离子源等是否正常。

4.6　操 作 步 骤

4.6.1　样品的准备

样品的准备是要样品的物理形态有利于分析物有效萃取。通常样品须是液体或细微颗粒状态。

1. 水样

采集的水样用 0.45μm 的混合纤维膜过滤，去除悬浮性物质。过滤后的水样备用，膜上的悬浮颗粒物用干净的铝箔纸包好，冷冻保存，如果测定其中污染物的含量，可按固体样品处理。

2. 沉积物和生物样品

将采集的沉积物冷冻干燥后，用研钵或球磨仪研磨，过 80 目筛，然后避光密封放在冰箱中低温保存。冷冻的生物样品用组织粉碎机匀浆，冷冻干燥后，同沉积物操作；或匀浆后直接加适量的无水硫酸钠脱水干燥后，进行下一步萃取。

4.6.2 萃取和浓缩

1. 水样

取 1L 过滤好的水样，加入 4ng 溶解在甲醇中的多环芳烃同位素添加标或内标，平衡 2h。进行富集前将 HLB 固相萃取柱活化，在重力条件下，依次用二氯甲烷、甲醇和试剂水各 10mL 淋洗萃取柱，弃掉淋洗液。将平衡好的水样上样至萃取柱，流速为 5～10mL/min，上样完毕后，真空干燥萃取柱 30min。然后用 10mL 二氯甲烷洗脱萃取柱，淋洗液用合适规格和体积的器皿收集（如离心管或 KD 管），初始洗脱液可在真空中滴下，然后在重力作用下完成洗脱（许宜平等，2004）。最后将萃取液用氮气微量浓缩并完全转移至装有 20μL 壬烷的衬管中，氮气微量浓缩至 20μL，浓度高时，用异辛烷或正己烷定容至 0.5mL。

2. 沉积物和生物样品

称取 2g 左右研磨好的样品，加入 4ng/mL 多环芳烃同位素添加标或内标的丙酮溶液 1mL，混匀，平衡不少于 2h；然后加入 10g 无水硫酸钠，混匀后用二氯甲烷：正己烷（体积比，1：1）或丙酮：正己烷（体积比，1：1）进行加速溶剂萃取（仪器参数按仪器操作说明书设置）或索氏提取。沉积物的提取液用旋转蒸发仪或其他浓缩装置大量浓缩至 2～3mL，以进行下一步净化。生物样品的萃取液氮吹质量恒定，进行脂肪含量的测定，然后用正己烷复溶进行下一步净化。

4.6.3　净化

1. 水样

水样富集后的洗脱液不澄清或有颜色，可用碳柱或硅胶柱净化。碳柱采用0.5mL 小柱，硅胶柱采用一次性滴管中加入玻璃毛、放入适量的 5%硅胶的自制小柱。净化时用 3 倍柱体积的正己烷预淋洗净化柱，上样后，用 3 倍柱体积洗脱液洗脱，洗脱液用氮气微量浓缩并定量转移至装有 20μL 壬烷的内衬管样品瓶中，待测。测定前加入 4ng 注射标用涡旋器混匀（10μL，以确保样品浓度在仪器的信号稳定范围内）。浓度高时，用异辛烷或正己烷定容至 0.5mL。

2. 沉积物

沉积物的萃取液如果呈黄色，可在 4.6.2 节的萃取液中，加入 3.3.4 节中活化好的铜粉除去含硫化合物，然后将萃取液转移至 4.3.4 节制备好的硅胶层析柱的柱头。打开柱塞，使洗脱液以 20 滴/min 流出，然后用 2mL 正己烷洗涤萃取液器皿 2～3 次，以使萃取物完全进入硅胶柱上，等液面至无水硫酸钠上 1～2mm，用 60mL 正己烷洗脱，以保证柱塞式洗脱。用鸡心瓶接收萃取液，洗脱液先大量浓缩至 2～3mL，再用氮气微量浓缩并定量转移至装有 20μL 壬烷的内衬管样品瓶，待测。浓度高时，用异辛烷或正己烷定容至 0.5mL。

3. 生物样品

把测定脂肪含量后用正己烷复溶的萃取液，用 3.3.4 节的凝胶渗透层析柱去除脂肪。洗脱液浓缩至 2～3mL，然后同沉积物的净化步骤。

4.6.4　仪器分析

将净化浓缩好的 20μL 壬烷萃取液，加入 10ng/5μL 的注射标，使总体积不超过 30μL，以确保样品浓度在仪器的信号稳定范围内。按 4.5 节校准好的仪器条件进行测定。

4.7　定性和定量

4.7.1　同位素稀释法定量

（1）水样中多环芳烃浓度的计算：

$$C=\frac{A1_{\mathrm{n}}\times C_{1}}{A1_{1}\times\overline{\overline{\mathrm{RR}}}}/V \quad (4\text{-}6)$$

式中，C 为样品中多环芳烃的浓度，ng/L；C_1为加入的同位素标的质量，ng；V为水样的体积，L；其他符号同前。

（2）沉积物和生物样品多环芳烃浓度的计算：

$$C=\frac{A1_{\mathrm{n}}\times C_{1}}{A1_{1}\times\overline{\overline{\mathrm{RR}}}}/W \quad (4\text{-}7)$$

式中，C 为样品中多环芳烃的浓度，ng/g；C_1为加入的同位素标的质量，ng；W为称取的样品的质量，g；其他符号同前。

4.7.2 内标法定量

（1）水样中多环芳烃浓度的计算：

$$C=\frac{A1_{\mathrm{n}}\times C_{\mathrm{IS}}}{A1_{\mathrm{IS}}\times\overline{\overline{\mathrm{RF}}}}/V \quad (4\text{-}8)$$

式中，C 为样品中多环芳烃的浓度，ng/L；C_{IS} 为加入的同位素标的质量，ng；V为水样的体积，L；其他符号同前。

（2）沉积物和生物样品中多环芳烃浓度的计算：

$$C=\frac{A1_{\mathrm{n}}\times C_{\mathrm{IS}}}{A1_{\mathrm{IS}}\times\overline{\overline{\mathrm{RF}}}}/W \quad (4\text{-}9)$$

式中，C 为样品中多环芳烃的浓度，ng/g；C_{IS} 为加入的同位素标的质量，ng；W为称取的样品的质量，g；其他符号同前。

注意：①样品测定中内标的回收率要大于 60%，样品浓度按式（4-8）和式（4-9）计算，不用回收率来矫正。因为对于痕量分析，误差比较大。②如果干扰物影响软件自动积分，应手动积分。如果某目标化合物峰面积超过校准范围，应对萃取液进行稀释以保证浓度在校准范围内。调整注射标的浓度，分析稀释后的萃取液。③计算结果要保留 2～3 位有效数字。

4.8 质量控制与质量保证

质量控制与质量保证见 3.8 节。

4.9　白洋淀水、沉积物和鱼中多环芳烃的含量

白洋淀水、沉积物和鱼中多环芳烃的含量见附表 16。

第 5 章　多氯联苯等八类 POPs 的同时分析

工 作 札 记

（1）本方法是用一份样品，进行目前国内外关注的八类持久性有机化合物（POPs）的同时测定，减少了样品的用量，尤其在样品难采集的时候。

（2）水样用 HLB 萃取柱富集净化时，富集洗脱的级分包括多类半挥发性有机物，如有机氯农药（OCPs）、多环芳烃、酞酸酯、多氯联苯（PCBs）、多溴二苯醚（PBDEs）、多氯萘（PCNs）、氯代二噁英（PCDD/Fs）、溴代二噁英（PBDD/Fs）、得克隆（DPs）、短链氯化石蜡（SCCPs）等。可以进行多类污染物的同时分析，为避免分析测定中化合物之间的干扰，以及节省测试成本，尽量少加标准物质。可根据关注的化合物，加入相应的内标，在测定多氯联苯时，一般加入美国剑桥实验室的多氯联苯的窗口标（EC-4977），它包含了一氯至十氯的多氯联苯，也作为多类半挥发性有机物分析中的内标，一般五氯联苯的适用性广，但需要在分析测定前测定其与目标化合物的相对响应因子，以进行计算的校正。

（3）本方法参照 EPA1668a、EPA1613、EPA1614 和多氯萘、短链氯化石蜡、得克隆的相关文献建立的八类 POPs 同时分析的实验室方法，图 5-1 是分析方法的流程图，本章详细内容可查阅赵兴茹（2005）和 Zhao 等（2019）。

（4）本方法需要的检测器为配有负化学源的低分辨质谱（用于测定多溴二苯醚、溴代二噁英、得克隆和短链氯化石蜡）和高分辨磁质谱。多溴二苯醚、溴代二噁英的质量数较大，需要的 PFK 的浓度较高，造成仪器系统的污染，除非必要，不建议采用高分辨磁质谱。短链氯化石蜡由于其在环境中浓度较高及其色谱柱分离困难，也不建议采用高分辨磁质谱。

（5）短链氯化石蜡的污染区样品，浓度较高，也可采用普遍使用的电子轰击（EI）源低分辨质谱，离子碎片选择质荷比为 63。

（6）本方法对有机氯的测定不适用于艾氏剂、狄氏剂和硫丹，因为在前处理的多层硅胶柱净化时，破坏其结构或吸附在层析柱上。

（7）在本方法中 *o*, *p*′-DDT 和 *p*, *p*′-DDT 两个化合物在前处理过程中分在了

PCBs 级分和 PBDDs 级分，避免了 BD-5MS 色谱柱分离不好时，不能准确定量的问题。

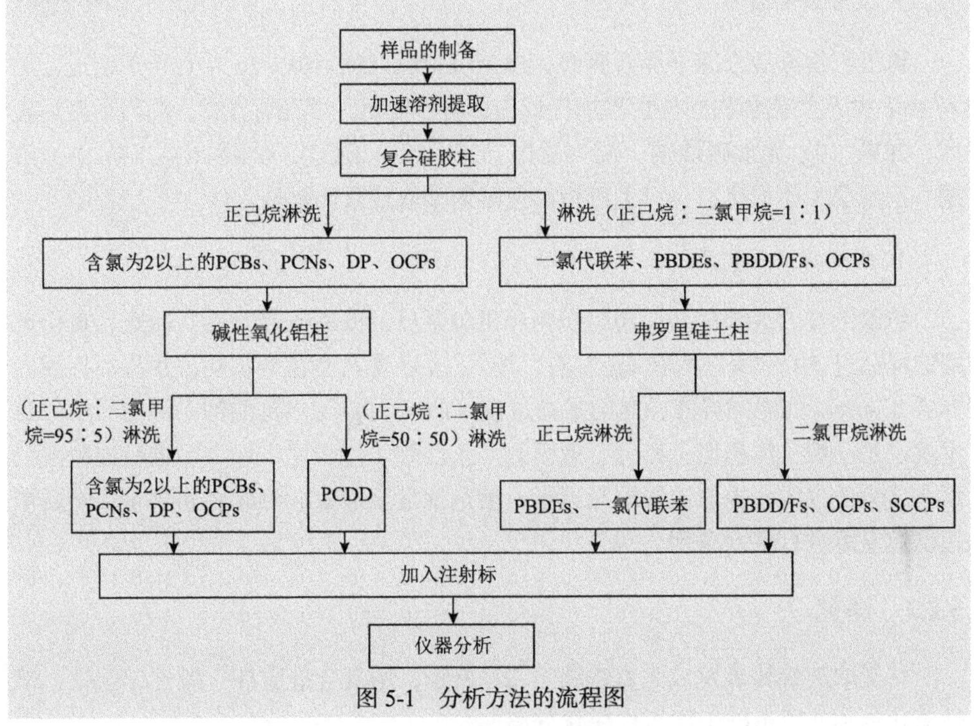

图 5-1　分析方法的流程图

5.1 适 用 范 围

本方法用于测定水、沉积物、土壤和生物组织中的多氯联苯、氯代二噁英、多溴二苯醚、溴代二噁英、多氯萘、有机氯农药、短链氯化石蜡和得克隆的测定。

5.2 方 法 概 要

本方法要对水、沉积物和生物样品进行不同的样品处理、萃取、净化和分析。

5.2.1 萃取

1. 水样的富集

取 1L 水样，过 0.45μm 的玻璃纤维膜。过滤的水样中加入 1mL 含八类化合物同位素添加标或内标各 1ng/mL 的丙酮溶液，混匀后平衡 2h，然后用 HLB 小柱进行固相萃取。

2. 沉积物的提取

将沉积物样品冷冻干燥后研磨，过 80 目筛；然后称取 2g 左右于萃取池，加入 1mL 含八类化合物同位素添加标或内标各 1ng/mL 的丙酮溶液；混匀平衡过夜后，加入 10g 无水硫酸钠，混匀后用二氯甲烷：正己烷（体积比，1∶1）或丙酮：正己烷（体积比，1∶1）进行加速溶剂萃取或索氏提取。

3. 生物样品的提取

将解剖好的组织样品，用组织粉碎机匀浆后，冷冻干燥。然后研磨，将研磨好的样品过 80 目筛，称取 2g 左右，加入 1mL 含八类化合物同位素添加标或内标各 1ng/mL 的丙酮溶液，混匀平衡过夜，加入 10g 无水硫酸钠，混匀后用二氯甲烷：正己烷（体积比，1∶1）或丙酮：正己烷（体积比，1∶1）进行加速溶剂萃取或索氏提取。提取液浓缩至近干，溶剂挥发至恒重，测定脂肪含量，然后用正己烷复溶进行后续净化。

5.2.2 净化

将提取液旋转蒸发或大量浓缩至 2～3mL，用复合硅胶柱、酸性硅胶柱、碱性氧化铝和弗罗里硅土层析柱净化分离。

5.2.3 测定

将净化好的含有目标化合物的各级分，大量浓缩后，氮吹微量浓缩并完全转移至含有 20μL 壬烷的内衬管，浓缩至 20μL，加入 1ng/5μL 的注射标，进行仪器分析。

5.3 设备、材料和试剂

5.3.1 仪器设备

组织匀浆仪、溶剂过滤器、真空泵、冷冻干燥仪、研磨仪、分析天平、马弗炉、加速溶剂萃取仪或索氏提取装置、固相萃取仪、旋转蒸发仪、氮吹仪、涡旋混合器、干燥器、高纯氦、气相色谱-质谱联用仪、气相色谱-NCI-质谱联用仪、高分辨气相色谱-高分辨质谱。

5.3.2　材料

样品瓶、瓶盖，玻璃纤维滤膜（Whatman GMF 150，孔径为 1μm）、玻璃纤维滤膜（0.45μm），鸡心瓶、KD 管，层析柱（长 30cm、内径 1cm）、层析柱（长 30cm、内径 1.5cm），恒压漏斗，铁架台，玻璃纤维毛，一次性滴管，硅胶（100～200 目），层析柱用氧化铝（100～200 目，上海五四化学试剂厂），弗罗里硅土（60～100 目，U.S. Silica corp，Berkeley Springs，WV），色谱柱：DB-5MS（30m×0.25mm×0.25μm、15m×0.25mm×0.25μm 及 60m×0.25mm×0.25μm）。

5.3.3　试剂

盐酸、浓硫酸、铜粉、硅藻土、Bio-Beads SX-3 凝胶填料、凝胶色谱校准液、丙酮、甲苯、正己烷、甲醇、二氯甲烷、异辛烷、壬烷、去离子水。硅胶（100～200 目）。有机溶剂要求农残级。

八类化合物的同位素添加标或内标购于有信誉的商家，从安瓿瓶转移至棕色样品瓶，用记号笔标好液面，用封口膜封好，冷藏在冰箱中储存。具体标样可参考文献（Zhao et al.，2019）。

5.3.4　层析柱填料的制备

（1）活化硅胶、无水硫酸钠（优级纯）和铜粉活化：见 4.3.4 节。

（2）10%硝酸银硅胶：将 5.6g 硝酸银溶解在 21.5mL 去离子水中，逐滴加入 50g 活化硅胶中，充分振荡均匀，将烧瓶口用铝箔纸疏松地盖住，置于干燥烘箱中，30℃停留至少 5h 后，升温至 180℃活化至少 12h。冷却后装入棕色试剂瓶中密封，保存在干燥器中。

（3）22%酸性硅胶：取 28g 浓硫酸逐滴加入 100g 活化硅胶中，然后振摇半小时，于干燥器中密封保存，24h 后方可使用。

（4）44%酸性硅胶：取 78.6g 浓硫酸逐滴加入到 100g 活化硅胶中，然后振摇半小时，于干燥器中密封保存，24h 后方可使用。

（5）33% 氢氧化钠硅胶：将 24.6g 1mol/L 的氢氧化钠溶液逐滴加入 50g 活化硅胶中，然后振摇半小时，于干燥器中密封保存，24h 后方可使用。

（6）层析柱用氧化铝：在陶瓷坩埚或蒸发皿中，放入适量的氧化铝，在 660℃活化 6h 后，冷却至 105℃，取出放入干燥器中，冷却后放入三角瓶中密封保存。

（7）弗罗里硅土：在陶瓷坩埚或蒸发皿中，放入适量的氧化铝，在 130℃活化 6h 后，冷却至 105℃，取出放入干燥器中，冷却后放入三角瓶中密封保存。

5.4 样品采集、保存和储存

5.4.1 水样

在采样点用水样润洗采样瓶，采集 1L 水样，加入 0.2‰的甲醇，减少瓶壁对目标化合物的吸附。冷藏保存，尽快运回实验室。

注意：为了防止微生物滋生产生干扰，样品冷藏并在 72h 内富集，洗脱后的级分浓缩冷藏保存待测定分析。

5.4.2 沉积物

表层沉积物采用重力抓斗式采泥器采集 0～10cm 层面的沉积物，每个采样点呈正三角形布点，间隔 1m，采集 3 个样品，混匀后，取 500g。柱状沉积物采用柱状采泥器采集，也是每个采样点呈正三角形布点，间隔 1m，采集 3 个柱状样，每根按 5cm 的长度现场分割，3 个柱状样的相同深度样品混合在一起为子样品。采集的样品用溶剂清洗过的铝箔纸包好，在自封袋中保存，冷藏运回实验室，冷冻保存。

5.4.3 生物样品

采集鱼类样品时，至少采集 3 条，现场洗净、解剖，取需要的组织，然后用溶剂清洗过的铝箔纸包好，在自封袋中保存。在当地冷冻后，冷藏运回实验室，冷冻保存。

5.5 校准和标准

样品分析前要进行仪器的初始校准，样品的分析过程中要进行持续校准检验。一般每批次样品分析过程中每 12h 要进行校准检验，在每批次样品分析结束时，也要进行校准检验，这样就能保证每批次的现场样品都得到了校准检验。

5.5.1 初始校准

优化 HRGC-MS、HRGC-NCI-MS、HRGC-HRMS 运行参数，保证分析化合物的分离度和灵敏度。

1. 气相色谱条件

（1）多氯联苯升温程序：初始温度 75℃（保持 2min），先以 15℃/min 升温至 150℃，然后以 2.5℃/min 升温至 290℃（保持 1min）。以高纯氦气为载气，流量为 1mL/min；不分流进样，进样量为 1μL；进样口温度为 270℃，接口温度为 290℃。色谱柱：BD-5MS（60m×0.25mm×0.25μm）。

（2）氯代二噁英升温程序：初始温度为 150℃（保持 2min），先以 20℃/min 升温至 230℃（保持 24min），然后以 5℃/min 升温至 300℃（保持 5min）。以高纯氦气为载气，流量为 1mL/min；不分流进样，进样量为 1μL；进样口温度为 280℃，接口温度为 290℃。色谱柱：BD-5MS（60m×0.25mm×0.25μm）。

（3）多溴二苯醚升温程序：初始温度为 100℃（保持 1min），以 5℃/min 升温至 300℃（保持 2min）。以高纯氦气为载气，流量为 1.5mL/min；不分流进样，进样量为 1μL；进样口温度为 275℃，接口温度为 290℃。色谱柱：BD-5MS（15m×0.25mm×0.25μm）。

（4）溴代二噁英升温程序：初始温度为 140℃（保持 1min），先以 15℃/min 升温至 200℃，然后以 5℃/min 温至 300℃（保持 25min）。以高纯氦气为载气，流量为 1.5mL/min；不分流进样，进样量为 1μL；进样口温度为 265℃，接口温度为 280℃。色谱柱：BD-5MS（15m×0.25mm×0.25μm）。

（5）多氯萘升温程序：初始温度为 80℃（保持 1min），先以 4℃/min 升温至 300℃（保持 25min）。以高纯氦气为载气，流量为 1mL/min；不分流进样，进样量为 1μL；进样口温度为 260℃，接口温度为 290℃。色谱柱：BD-5MS（60m×0.25mm×0.25μm）。

（6）有机氯升温程序：初始温度为 70℃（保持 1min），先以 4℃/min 升温至 290℃（保持 10min）。以高纯氦气为载气，流量为 0.8mL/min；不分流进样，进样量为 1μL；进样口温度为 225℃。色谱柱：BD-5MS（30m×0.25mm×0.25μm、60m×0.25mm×0.25μm）。

（7）得克隆升温程序：初始温度为 100℃（保持 1min），先以 10℃/min 升温至 210℃，然后以 20℃/min 升温至 300℃（保持 18min）。以高纯氦气为载气，流量为 1.5mL/min；不分流进样，进样量为 1μL；进样口温度为 275℃，接口温度为 290℃。色谱柱：BD-5MS（15m×0.25mm×0.25μm）。

（8）短链氯化石蜡升温程序：初始温度为 100℃（保持 2min），先以 5℃/min 升温至 290℃（保持 5min）。以高纯氦气为载气，流量为 1.5mL/min；不分流进样，进样量为 1μL；进样口温度为 275℃，接口温度为 290℃。色谱柱：BD-

5MS（15m×0.25mm× 0.25μm）。

（9）209 种 PCBs 在 BD-5MS（60m×0.25mm×0.25μm）色谱柱上的色谱图，见图 5-2。

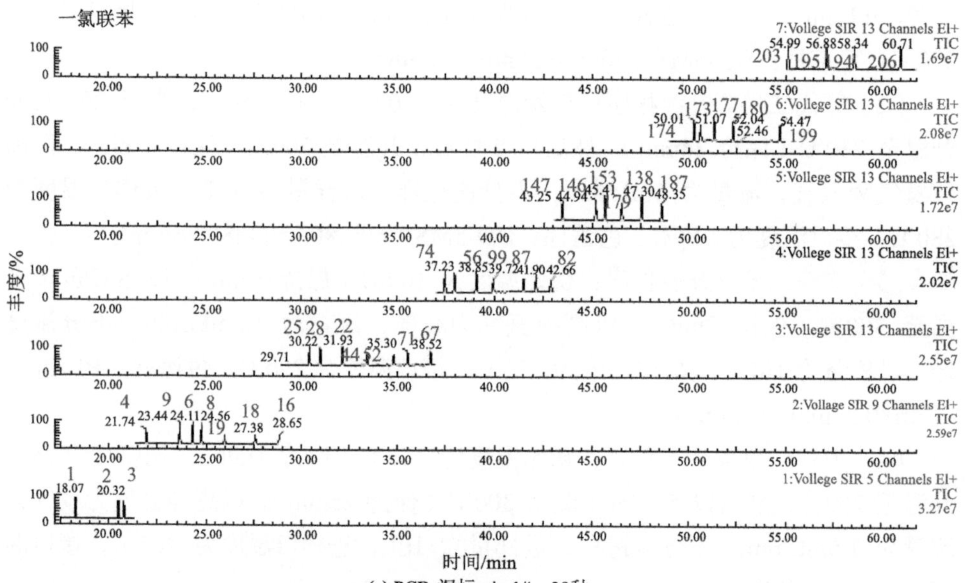

(a) PCBs混标mix 1#，39种
(AccuStandard,USA)

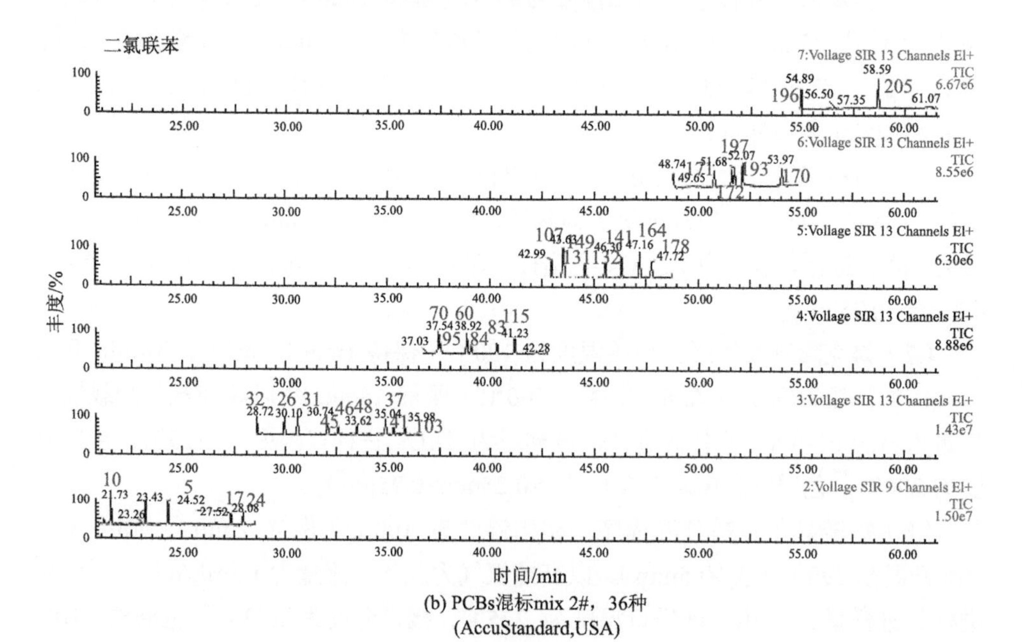

(b) PCBs混标mix 2#，36种
(AccuStandard,USA)

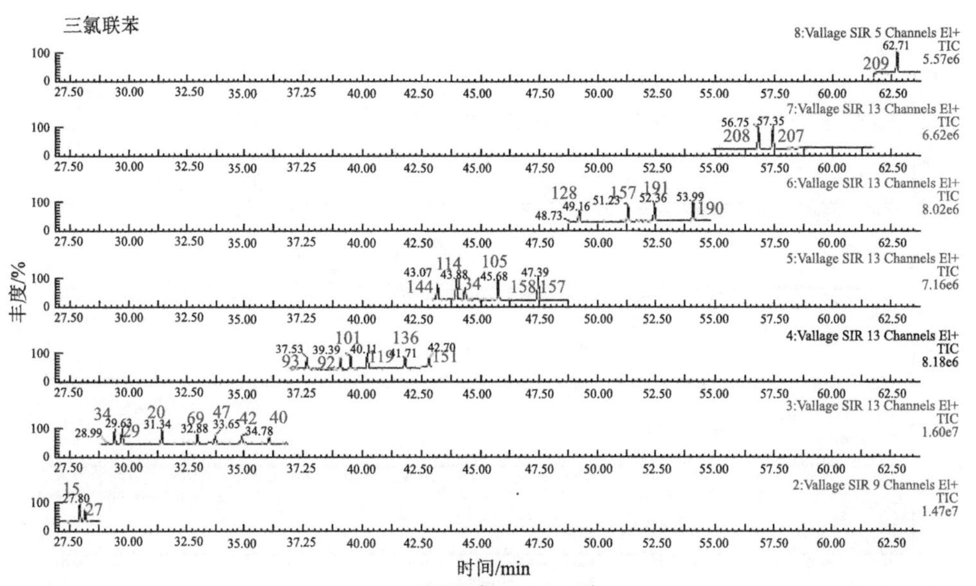

(c) PCBs混标mix 3#, 27种

(AccuStandard,USA)

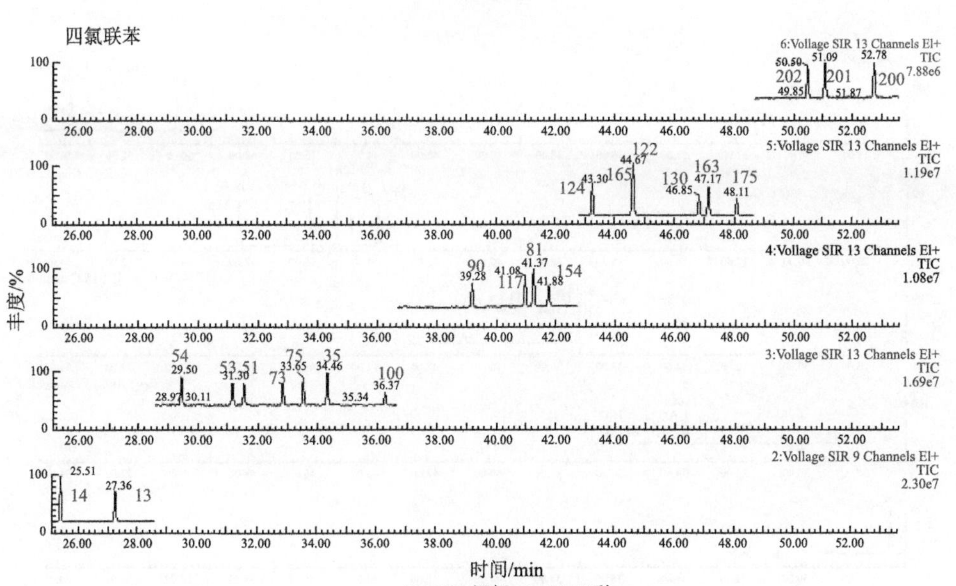

(d) PCBs混标mix 4#, 22种

(AccuStandard,USA)

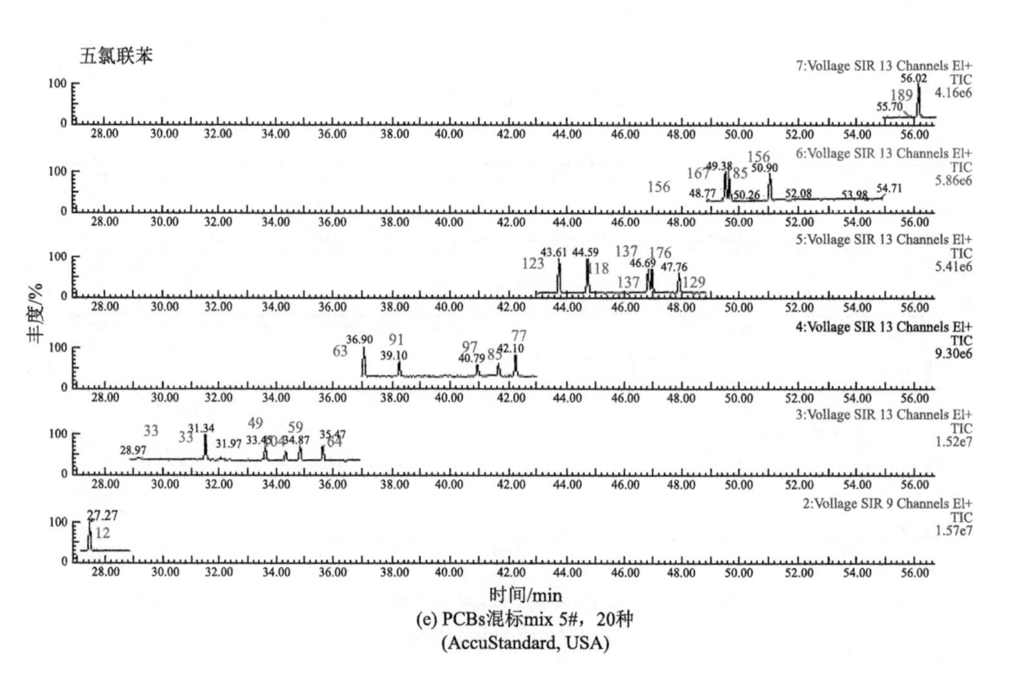

(e) PCBs混标mix 5#，20种
(AccuStandard, USA)

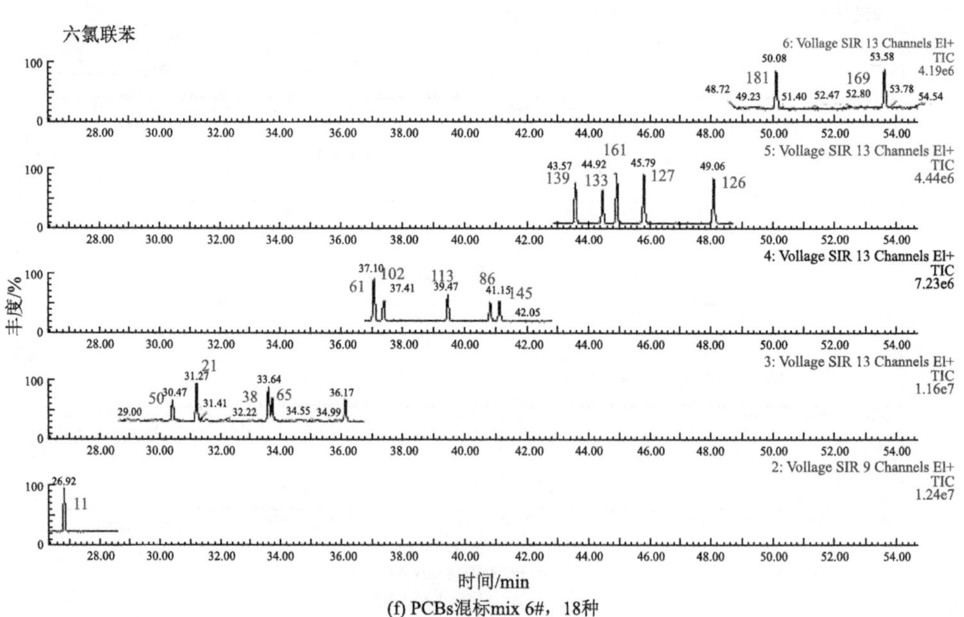

(f) PCBs混标mix 6#，18种
(AccuStandard,USA)

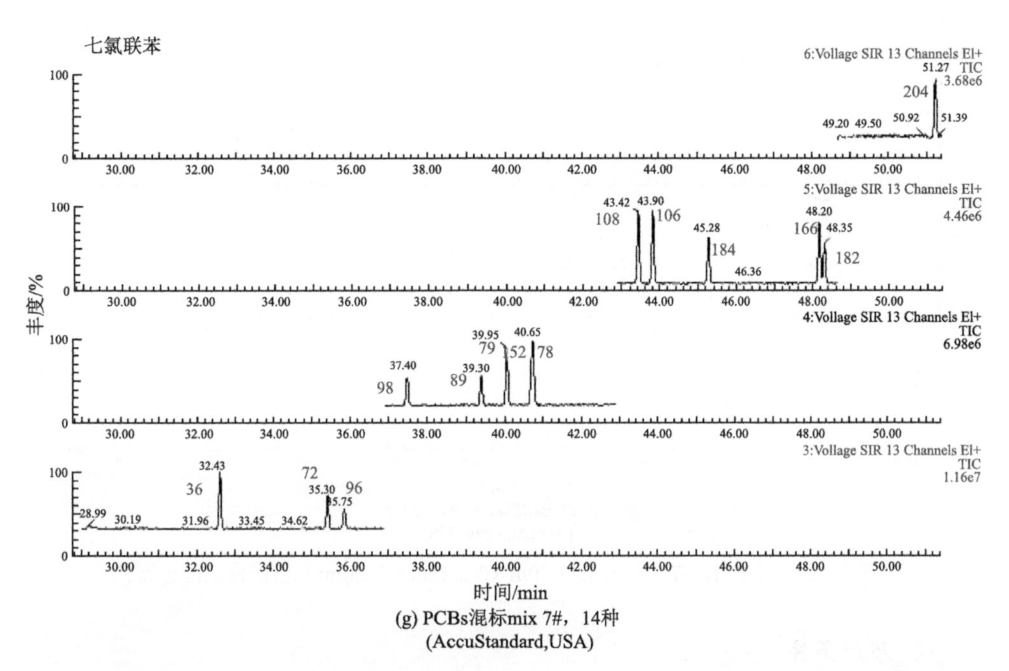

(g) PCBs混标mix 7#，14种
(AccuStandard,USA)

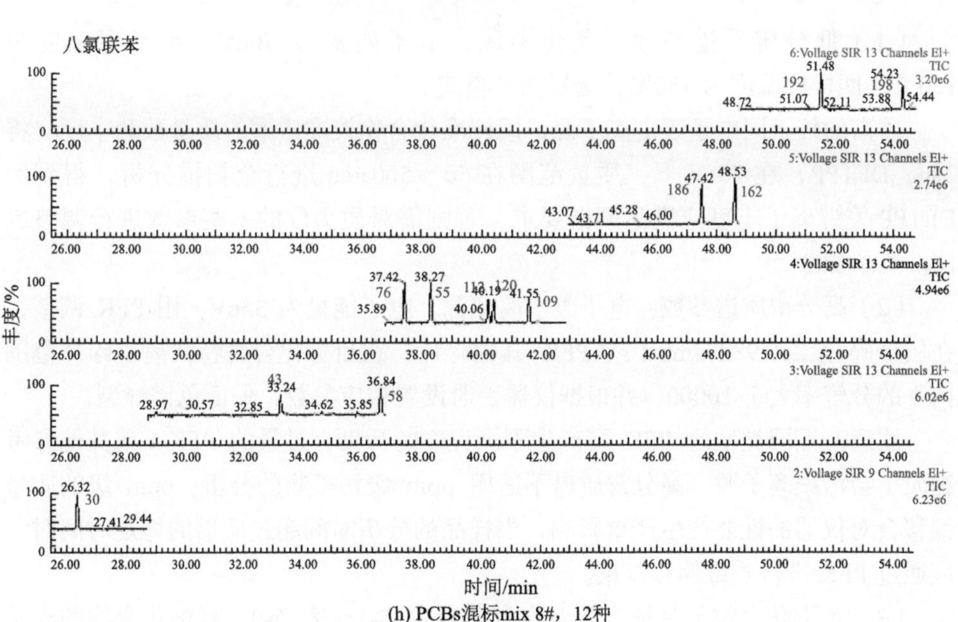

(h) PCBs混标mix 8#，12种
(AccuStandard,USA)

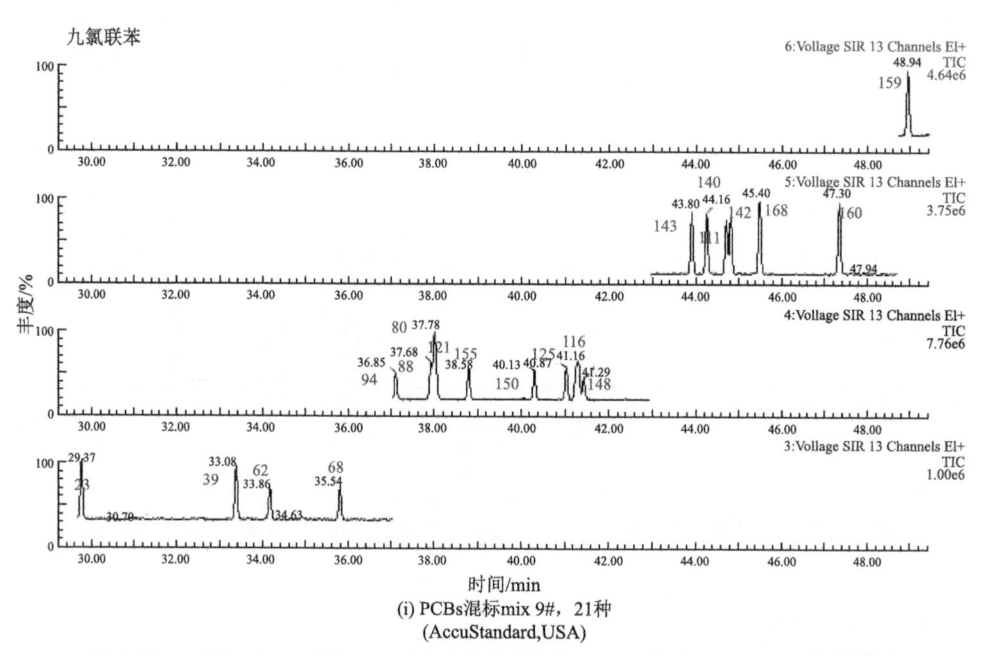

图 5-2　209 种 PCBs 在 BD-5MS（60m×0.25mm×0.25μm）色谱柱上的色谱图

2. 质谱条件

（1）低分辨质谱参数：负化学源，电子能量为 70eV，离子源温度为 150℃，四极杆温度为 150℃，选择离子模式。

质谱的校正同电子轰击离子源，用校准化合物校准质谱的质量数和丰度。将 25ng DFTPP，在 70eV 下，质量范围在 50～500amu 进行全扫描分析，得到的 DFTPP 关键离子丰度应满足调谐要求，否则需对质谱仪的一些参数进行调整或清洗离子源。

（2）高分辨质谱参数：电子轰击离子源，电子能量为 35eV，用 PFK 调谐，在质量碎片 280.9825amu（或 PFK 其他碎片，在目标化合物特征离子碎片范围内）的分辨率大于 10000，并根据仪器手册设置相应参数，保证色谱峰型。

注意：不同类型的 PFK 可产生不同程度的污染，过量的 PFK（或其他参考物质）会污染离子源。高分辨质谱不适用 ppm 级污染物的分析，ppm 级的质量偏移会对仪器的性能产生严重影响，当样品的分析时间超过质谱的稳定时间时，应通过 PFK 进行质量偏移校正。

（3）各类化合物的特征离子及丰度参考表 5-1～表 5-9。目标化合物的离子碎片选择丰度高的特征离子，在进行仪器分析前，用标样进行确定，不同的仪器和分析条件产生特征离子的丰度略有不同。

表 5-1　多氯联苯在 BD5-MS（60m×0.25mm×0.25μm）出峰次序

化合物		保留时间/min	扫描窗口
一氯联苯	PCB1	18.07	1
	PCB2	20.32	1
	PCB3	20.61	1
二氯联苯	PCB4	21.74	2
	PCB5	24.53	2
	PCB6	24.11	2
	PCB7	23.43	2
	PCB8	24.56	2
	PCB9	23.44	2
	PCB10	21.73	2
	PCB11	26.92	2
	PCB12	27.27	2
	PCB13	27.36	2
	PCB14	25.51	2
	PCB15	27.80	2
三氯联苯	PCB16	28.65	2
	PCB17	27.52	2
	PCB18	27.38	2
	PCB19	25.78	2
	PCB20	31.34	3
	PCB21	31.27	3
	PCB22	31.93	3
	PCB23	29.37	3
	PCB24	28.09	2
	PCB25	30.22	3
	PCB26	30.10	3
	PCB27	28.03	2
	PCB28	30.78	3
	PCB29	29.63	3
	PCB30	26.33	2
	PCB31	30.74	3
	PCB32	28.72	3

续表

化合物		保留时间/min	扫描窗口
三氯联苯	PCB33	31.34	3
	PCB34	29.31	3
	PCB35	34.46	3
	PCB36	32.43	3
	PCB37	35.04	3
	PCB38	33.64	3
	PCB39	33.06	3
四氯联苯	PCB40	35.94	3
	PCB41	35.41	3
	PCB42	34.78	3
	PCB43	33.24	3
	PCB44	34.58	3
	PCB45	32.18	3
	PCB46	32.72	3
	PCB47	33.65	3
	PCB48	33.62	3
	PCB49	33.45	3
	PCB50	30.47	3
	PCB51	31.68	3
	PCB52	33.20	3
	PCB53	31.30	3
	PCB54	29.60	3
	PCB55	38.27	4
	PCB56	38.85	4
	PCB57	36.17	3
	PCB58	36.64	3
	PCB59	34.67	3
	PCB60	38.93	4
	PCB61	37.10	4
	PCB62	33.86	3
	PCB63	36.90	4
	PCB64	35.47	3
	PCB65	33.77	3
	PCB66	37.72	4
	PCB67	36.52	3

续表

化合物		保留时间/min	扫描窗口
四氯联苯	PCB68	35.54	3
	PCB69	32.88	3
	PCB70	37.54	4
	PCB71	35.32	3
	PCB72	35.30	3
	PCB73	32.97	3
	PCB74	37.24	4
	PCB75	33.65	3
	PCB76	37.42	4
	PCB77	42.10	4
	PCB78	40.66	4
	PCB79	39.96	4
	PCB80	37.76	4
	PCB81	41.37	4
五氯联苯	PCB82	42.66	4
	PCB83	40.40	4
	PCB84	39.14	4
	PCB85	41.51	4
	PCB86	40.83	4
	PCB87	41.27	4
	PCB88	37.68	4
	PCB89	39.30	4
	PCB90	39.28	4
	PCB91	38.10	4
	PCB92	38.94	4
	PCB93	37.53	4
	PCB94	36.85	4
	PCB95	37.66	4
	PCB96	35.73	3
	PCB97	40.79	4
	PCB98	37.38	4
	PCB99	39.72	4
	PCB100	36.37	3
	PCB101	39.39	4

续表

化合物		保留时间/min	扫描窗口
五氯联苯	PCB102	37.41	4
	PCB103	35.96	3
	PCB104	34.17	3
	PCB105	45.68	5
	PCB106	43.80	5
	PCB107	43.50	5
	PCB108	43.42	5
	PCB109	41.55	4
	PCB110	41.90	4
	PCB111	41.16	5
	PCB112	40.19	4
	PCB113	39.47	4
	PCB114	43.88	5
	PCB115	41.23	4
	PCB116	41.16	4
	PCB117	41.08	4
	PCB118	44.56	5
	PCB119	40.11	4
	PCB120	40.37	4
	PCB121	37.82	4
	PCB122	44.68	5
	PCB123	43.61	5
	PCB124	43.30	5
	PCB125	40.87	4
	PCB126	48.06	5
	PCB127	45.79	5
六氯联苯	PCB128	49.16	6
	PCB129	47.76	5
	PCB130	46.85	5
	PCB131	44.58	5
	PCB132	45.52	5
	PCB133	44.46	5
	PCB134	44.25	5
	PCB135	42.98	5
	PCB136	41.69	4

续表

化合物		保留时间/min	扫描窗口
	PCB137	46.68	5
	PCB138	47.30	5
	PCB139	43.57	5
	PCB140	44.16	5
	PCB141	46.30	5
	PCB142	44.61	5
	PCB143	43.80	5
	PCB144	43.07	5
	PCB145	41.13	4
	PCB146	44.94	6
	PCB147	43.25	6
	PCB148	41.27	4
	PCB149	43.57	5
	PCB150	40.13	4
	PCB151	42.70	4
	PCB152	40.62	4
六氯联苯	PCB153	45.41	5
	PCB154	41.88	4
	PCB155	38.58	4
	PCB156	50.90	6
	PCB157	51.23	6
	PCB158	47.39	5
	PCB159	48.94	6
	PCB160	47.30	5
	PCB161	44.92	5
	PCB162	48.53	5
	PCB163	47.17	5
	PCB164	47.16	5
	PCB165	44.65	5
	PCB166	48.20	5
	PCB167	49.36	6
	PCB168	45.40	5
	PCB169	53.56	6

续表

化合物		保留时间/min	扫描窗口
七氯联苯	PCB170	53.96	6
	PCB171	50.71	6
	PCB172	51.54	6
	PCB173	51.07	6
	PCB174	50.01	6
	PCB175	48.11	5
	PCB176	46.82	5
	PCB177	50.35	6
	PCB178	47.72	5
	PCB179	46.28	5
	PCB180	52.03	6
	PCB181	50.08	6
	PCB182	48.35	5
	PCB183	48.74	6
	PCB184	45.27	5
	PCB185	49.50	6
	PCB186	47.42	5
	PCB187	48.33	5
	PCB188	44.73	5
	PCB189	56.02	7
	PCB190	53.99	6
	PCB191	52.36	6
	PCB192	51.48	6
	PCB193	52.06	6
八氯联苯	PCB194	58.33	7
	PCB195	56.88	7
	PCB196	54.89	7
	PCB197	51.68	6
	PCB198	54.23	6
	PCB199	54.47	6
	PCB200	52.78	6
	PCB201	51.09	6
	PCB202	50.50	6
	PCB203	54.89	7
	PCB204	51.27	6
	PCB205	58.59	7

续表

化合物		保留时间/min	扫描窗口
九氯联苯	PCB206	60.71	7
	PCB207	57.35	7
	PCB208	56.75	7
十氯联苯	PCB209	61.3	8

表 5-2　多氯联苯特征离子的丰度比（*m*，质量数）

氯原子个数	扫描窗口	特征离子质荷比		质荷比类型	丰度比	理论值	范围
		自然	标记				
1	F1	188.0393	200.0795	*m*	*m*/（*m*+2）	3.13	2.66～3.60
		190.0363	202.0766	*m*+2			
2	F2	222.0003	234.0406	*m*	*m*/（*m*+2）	1.56	1.33～1.79
		223.9974	236.0376	*m*+2			
3	F2, 3	255.9613	268.0016	*m*	*m*/（*m*+2）	1.04	0.88～1.20
		257.9584	269.9986	*m*+2			
4	F3, 4	289.9224	301.9626	*m*	*m*/（*m*+2）	0.77	0.65～0.89
		291.9194	303.9597	*m*+2			
5	F3, 4, 5	325.8804	337.9207	*m*+2	（*m*+2）/（*m*+4）	1.55	1.32～1.78
		327.8775	339.9178	*m*+4			
6	F4, 5, 6	359.8145	371.8817	*m*+2	（*m*+2）/（*m*+4）	1.24	1.05～1.43
		361.8385	372.8788	*m*+4			
7	F5, 6, 7	393.8025	405.8428	*m*+2	（*m*+2）/（*m*+4）	1.05	0.89～1.21
		395.7995	407.8398	*m*+4			
8	F6, 7	427.7635	439.8038	*m*+2	（*m*+2）/（*m*+4）	0.89	0.76～1.02
		429.7606	441.8008	*m*+4			
9	F7	461.7246	473.7648	*m*+2	（*m*+2）/（*m*+4）	0.77	0.65～0.89
		463.7261	475.7619	*m*+4			
10	F8	495.6856	507.7258	*m*+2	（*m*+2）/（*m*+4）	0.69	0.59～0.79
		497.6826	509.7229	*m*+4			

表 5-3　二噁英扫描窗口、特征离子及丰度比

扫描窗口	化合物	特征离子质荷比		质荷比类型	丰度比（*m*，质量数）理论值及范围
		自然	标记		
1	$C_{12}H_4{}^{35}Cl_4O$, TCDF	303.9016	315.9419	*m*	*m*/（*m*+2）
	$C_{12}H_4{}^{35}Cl_3{}^{37}ClO$, TCDF	305.8987	317.9389	*m*+2	0.77, 0.65～0.89

续表

扫描窗口	化合物	特征离子质荷比		质荷比类型	丰度比（*m*，质量数）理论值及范围
		自然	标记		
1	$C_{12}H_4{}^{35}Cl_4O_2$, TCDD	319.8965	331.9368	*m*	
	$C_{12}H_4{}^{35}Cl_3{}^{37}ClO_2$, TCDD	321.8936	333.9339	*m*+2	
1	PFK, C_7F_{11}	292.9825	lock①		
2	$C_{12}H_3{}^{35}Cl_4{}^{37}ClO$, PeCDF	339.8597	351.9000	*m*+2	（*m*+2）/（*m*+4）
	$C_{12}H_3{}^{35}Cl_3{}^{37}Cl_2O$, PeCDF	341.8567	353.8970	*m*+4	1.55, 1.32～1.78
2	PFK, C_9F_{13}	354.9792	lock		
2	$C_{12}H_3{}^{35}Cl_4{}^{37}ClO_2$, PeCDD	355.8546	367.8949	*m*+2	（*m*+2）/（*m*+4）
	$C_{12}H_3{}^{35}Cl_3{}^{37}Cl_2O_2$, PeCDD	357.8516	369.8919	*m*+4	1.55, 1.32～1.78
3	$C_{12}H_2{}^{35}Cl_5{}^{37}ClO$, HxCDF	373.8208		*m*+2	（*m*+2）/（*m*+4）
	$C_{12}H_2{}^{35}Cl_4{}^{37}Cl_2O$, HxCDF	375.8178		*m*+4	1.24, 1.05～1.43
	${}^{13}C_{12}H_2{}^{35}Cl_6O$, HxCDF		383.8639	*m*	*m*/（*m*+2）
3	${}^{13}C_{12}H_2{}^{35}Cl_5{}^{37}ClO$, HxCDF		385.8610	*m*+2	0.51, 0.43～0.59
3	$C_{12}H_2{}^{35}Cl_5{}^{37}ClO_2$, HxCDD	389.8157	401.8559	*m*+2	（*m*+2）/（*m*+4）
	$C_{12}H_2{}^{35}Cl_4{}^{37}Cl_2O_2$, HxCDD	391.8127	403.8529	*m*+4	1.24, 1.05～1.43
3	PFK, C_9F_{15}	392.9760	lock		
4	$C_{12}H^{35}Cl_6{}^{37}ClO$, HpCDF	407.7818		*m*+2	（*m*+2）/（*m*+4）
	$C_{12}H^{35}Cl_5{}^{37}Cl_2O$, HpCDF	409.7789		*m*+4	1.05, 0.89～1.21
	${}^{13}C_{12}H^{35}Cl_7O$, HpCDF		417.8253	*m*	*m*/（*m*+2）
4	${}^{13}C_{12}H^{35}Cl_6{}^{37}ClO$, HpCDF		419.8220	*m*+2	0.44, 0.37～0.51
	$C_{12}H^{35}Cl_6{}^{37}ClO_2$, HpCDD	423.7766	435.8169	*m*+2	（*m*+2）/（*m*+4）
4	$C_{12}H^{35}Cl_5{}^{37}Cl_2O_2$, HpCDD	425.7737	437.8140	*m*+4	1.05, 0.89～1.21
4	PFK, C_9F_{17}	430.9729	lock		
5	$C_{12}{}^{35}Cl_7{}^{37}ClO$, OCDF	441.7428		*m*+2	（*m*+2）/（*m*+4）
	$C_{12}{}^{35}Cl_6{}^{37}Cl_2O$, OCDF	443.7399		*m*+4	0.89, 0.76～1.02
5	$C_{12}{}^{35}Cl_7{}^{37}ClO_2$, OCDD	457.7377	469.7779	*m*+2	（*m*+2）/（*m*+4）
	$C_{12}{}^{35}Cl_6{}^{37}Cl_2O_2$, OCDD	459.7348	471.7750	*m*+4	0.89, 0.76～1.02
	PFK, $C_{10}F_{17}$	442.9728	lock		

① 扫描窗口锁定质量。下同。

表 5-4　多溴二苯醚扫描窗口、特征离子及丰度比

扫描窗口	化合物	特征离子质荷比		质荷比类型	丰度比（m, 质量数）理论值及范围
		自然	标记		
1	$C_{12}H_9O^{79}Br$	247.9837	260.0239	m	m/（m+2）
	$C_{12}H_9O^{81}Br$	249.9816	262.0219	m+2	1.03, 0.88～1.18
1	PFK, C_7F_{13}	330.9792	lock		
1	$C_{12}H_8O^{79}Br_2$	325.8942	337.9344	m	m/（m+2）
	$C_{12}H_8O^{79}Br^{81}Br$	327.8921	339.9324	m+2	0.51, 0.43～0.59
2	$C_{12}H_7O^{79}Br_2{}^{81}Br$	405.8027	417.8429	m+2	（m+2）/（m+4）
	$C_{12}H_7O^{79}Br^{81}Br_2$	407.8002	419.8409	m+4	1.03, 0.88～1.18
2	PFK, $C_{10}F_{17}$	442.9728	lock		
3	$C_{12}H_6O^{79}Br_3{}^{81}Br$	483.7132	495.7533	m+2	（m+2）/（m+4）
	$C_{12}H_6O^{79}Br_2{}^{81}Br_2$	485.7111	497.7514	m+4	0.68, 0.53～0.83
					（m+4）/（m+6）
					1.54, 1.39～1.69
3	$C_{12}H_5O^{79}Br_3{}^{79}Br_2$	563.6216	575.7499	m+4	（m+4）/（m+6）
	$C_{12}H_5O^{79}Br_2{}^{79}Br_3$	565.6196	577.6598	m+6	1.03, 0.88～1.18
3	PFK, C_9F_{13}	642.9601	lock		
	$C_{12}H_4O^{79}Br_4{}^{79}Br_2$	641.5322	655.5703	m+4	（m+4）/（m+6）
	$C_{12}H_4O^{79}Br_4{}^{79}Br_2$	643.5302	657.5683	m+6	0.77, 0.65～0.89
		485.6934	493.7378	m+4-2Br	
		487.6914	495.7375	m+6-2Br	
4	$C_{12}H_3O^{79}Br_4{}^{79}Br_3$	561.6060	573.6463	m+6-2Br	（m+6）/（m+8）
	$C_{12}H_3O^{79}Br_3{}^{79}Br_4$	563.6040	575.6442	m+8-2Br	1.03, 0.88～1.18
	PFK, C_9F_{13}	642.9601	lock		
4	$C_{12}H_2O^{79}Br_5{}^{79}Br_3$	639.5165	651.5573	m+6-2Br	（m+6）/（m+8）
	$C_{12}H_2O^{79}Br_4{}^{79}Br_4$	641.5145	653.5553	m+8-2Br	0.77, 0.65～0.89
5	$C_{12}HO^{79}Br_6{}^{79}Br_3$	719.4250	731.4658	m+6-2Br	（m+6）/（m+8）
	$C_{12}HO^{79}Br_5{}^{79}Br_4$	721.4229	733.4637	m+8-2Br	1.03, 0.88～1.18
5	$C_{12}O^{79}Br_7{}^{79}Br_3$	799.3511	957.1699	m+6-2Br	（m+8）/（m+10）
	$C_{12}O^{79}Br_6{}^{79}Br_4$	801.3491	959.1680	m+8-2Br	0.82, 0.70～0.94
	PFK, C_9F_{13}	642.9601	lock		

表 5-5　多氯萘扫描窗口、特征离子及丰度比

扫描窗口	化合物	特征离子质荷比		质荷比类型	丰度比（*m*，质量数）理论值及范围
		自然	标记		
1	$C_{10}H_7{}^{35}Cl$	162.0236	172.0572	*m*	*m*/（*m*+2）
	$C_{10}H_7{}^{37}Cl$	164.0207	174.0542	*m*+2	3.13, 2.66～3.6
1	$C_{10}H_6{}^{35}Cl_2$	195.9847	206.0182	*m*	*m*/（*m*+2）
	$C_{10}H_6{}^{35}Cl^{37}Cl$	197.9817	208.0153	*m*+2	1.56, 1.33～1.79
1	$C_{10}H_5{}^{35}Cl_3$	229.9457	239.9792	*m*	*m*/（*m*+2）
	$C_{10}H_5{}^{35}Cl_2{}^{37}Cl$	231.9427	241.9763	*m*+2	1.04, 0.88～1.20
1	PFK, C_6F_{11}	280.9825	lock		
2	$C_{10}H_4{}^{35}Cl_4$	263.9067	273.9403	*m*	*m*/（*m*+2）
	$C_{10}H_4{}^{35}Cl_3{}^{37}Cl$	265.9038	275.9373	*m*+2	0.77, 0.65～0.89
2	$C_{12}H_3{}^{35}Cl_4{}^{37}Cl$	297.8677	307.9403	*m*	*m*/（*m*+2）
	$C_{12}H_3{}^{35}Cl_3{}^{37}Cl_2$	299.8648	309.8983	*m*+2	0.62，0.53～0.71
2	$C_{102}H_2{}^{35}Cl_5{}^{37}Cl$	333.8258	343.8594	*m*+2	（*m*+2）/（*m*+4）
	$C_{10}H_2{}^{35}Cl_4{}^{37}Cl_2$	335.8229	345.8564	*m*+4	1.23, 1.05～1.43
2	PFK, C_7F_{11}	292.9825	lock		
3	$C_{10}H^{35}Cl_6{}^{37}Cl$	367.7868	377.8204	*m*+2	（*m*+2）/（*m*+4）
	$C_{10}H^{35}Cl_5{}^{37}Cl_2$	369.7839	379.8174	*m*+4	1.03, 0.88～1.10
3	PFK, C_9F_{15}	392.9760	lock		
3	$C_{10}{}^{35}Cl_7{}^{37}Cl$	401.7449	411.7814	*m*+2	（*m*+2）/（*m*+4）
	$C_{10}{}^{35}Cl_6{}^{37}Cl_2$	403.7449	413.7785	*m*+4	0.89, 0.76～1.02

表 5-6　溴代二噁英扫描窗口、特征离子及丰度比

扫描窗口	化合物	特征离子质荷比		质荷比类型	丰度比（*m*，质量数）理论值及范围
		自然	标记		
1	$C_{12}H_4{}^{79}Br_3{}^{81}BrO$, TBDF	481.6974	493.7377	*m*+2	（*m*+2）/（*m*+4）
	$C_{12}H_4{}^{79}Br_2{}^{81}Br_2O$, TBDF	483.6954	495.7357	*m*+4	0.69, 0.59～0.79
1	$C_{12}H_4{}^{79}Br_3{}^{81}BrO_2$, TBDD	497.6923	509.7326	*m*+2	（*m*+2）/（*m*+4）
	$C_{12}H_4{}^{79}Br_2{}^{81}Br_2O_2$, TBDD	499.6903	511.7306	*m*+4	0.69, 0.59～0.79
1	PFK, C_7F_{11}	292.9825	lock		
2	$C_{12}H_3{}^{79}Br_3{}^{81}Br_2O$, PeBDF	561.6059	573.6442	*m*+4	（*m*+4）/（*m*+6）
	$C_{12}H_3{}^{79}Br_2{}^{81}Br_3O$, PeBDF	563.6039	575.6442	*m*+6	1.03, 0.88～1.18
2	PFK, C_9F_{13}	354.9792	lock		

续表

扫描窗口	化合物	特征离子质荷比		质荷比类型	丰度比（*m*，质量数）理论值及范围
		自然	标记		
2	$C_{12}H_3{}^{79}Br_3{}^{81}Br_2O_2$, PeBDD	577.6008	589.6411	*m*+4	（*m*+4）/（*m*+6）
	$C_{12}H_3{}^{79}Br_2{}^{81}Br_3O_2$, PeBDD	579.5988	591.6391	*m*+6	1.03, 0.88～1.18
3	$C_{12}H_2{}^{79}Br_4{}^{81}Br_2O$, HxBDF	639.5164	651.5566	*m*+4	（*m*+4）/（*m*+6）
	$C_{12}H_2{}^{79}Br_3{}^{81}Br_3O$, HxBDF	641.5144	653.5446	*m*+6	0.77, 0.65～0.89
3	$C_{12}H_2{}^{79}Br_4{}^{81}Br_2O_2$, HxBDD	655.5113	667.5515	*m*+4	（*m*+4）/（*m*+6）
	$C_{12}H_2{}^{79}Br_3{}^{81}Br_3O_2$, HxBDD	657.5093	669.5495	*m*+6	0.77, 0.65～0.89
3	PFK, C_9F_{15}	392.9760	lock		
4	$C_{12}H^{79}Br_4{}^{81}Br_3O$, HpBDF	719.4248	731.4651	*m*+6	（*m*+6）/（*m*+8）
	$C_{12}H^{79}Br_3{}^{81}Br_4O$, HpBDF	721.4228	733.4631	*m*+8	1.03, 0.88～1.18
	$C_{12}H^{79}Br_4{}^{81}Br_3O_2$, HpBDD	735.4198	747.4600	*m*+6	（*m*+6）/（*m*+8）
4	$C_{12}H^{79}Br_3{}^{81}Br_4O_2$, HpBDD	737.4178	749.4580	*m*+8	1.03, 0.88～1.18
4	PFK, C_9F_{17}	430.9729	lock		
5	$C_{12}{}^{79}Br_5{}^{81}Br_3O$, OBDF	797.3353	809.3756	*m*+6	（*m*+6）/（*m*+8）
	$C_{12}{}^{79}Br_4{}^{81}Br_4O$, OBDF	799.3333	811.3736	*m*+8	0.89, 0.76～1.02
5	$C_{12}{}^{79}Br_5{}^{81}Br_3O_2$, OBDD	813.3302	825.3705	*m*+6	（*m*+6）/（*m*+8）
	$C_{12}{}^{79}Br_4{}^{81}Br_4O_2$，OBDD	815.3282	827.3685	*m*+8	0.82, 0.70～0.94
	PFK, $C_{10}F_{17}$	442.9728	lock		

表 5-7　短链氯化石蜡分子式、特征离子及丰度比

化合物	特征离子质荷比	质荷比类型	丰度比（*m*，质量数）理论值及范围
$C_{10}H_{17}{}^{35}Cl_5$	277.0084	*m*-HCl	*m*/（*m*+2）
$C_{10}H_{17}{}^{35}Cl_4{}^{37}Cl$	279.0055	*m*+2-HCl	0.78, 0.66～0.90
$C_{10}H_{16}{}^{35}Cl_5{}^{37}Cl$	312.9665	*m*+2-HCl	（*m*+2）/（*m*+4）
$C_{10}H_{16}{}^{35}Cl_4{}^{37}Cl_2$	314.9636	*m*+4-HCl	1.56, 1.33～1.79
$C_{10}H_{15}{}^{35}Cl_6{}^{37}Cl$	346.9275	*m*+2-HCl	（*m*+2）/（*m*+4）
$C_{10}H_{15}{}^{35}Cl_5{}^{37}Cl_2$	348.9264	*m*+4-HCl	1.25, 1.06～1.44
$C_{10}H_{14}{}^{35}Cl_7{}^{37}Cl$	380.8886	*m*+2-HCl	（*m*+2）/（*m*+4）
$C_{10}H_{14}{}^{35}Cl_6{}^{37}Cl_2$	382.8856	*m*+4-HCl	1.04, 0.88～1.20
$C_{10}H_{13}{}^{35}Cl_8{}^{37}Cl$	414.8496	*m*+2-HCl	（*m*+2）/（*m*+4）
$C_{10}H_{13}{}^{35}Cl_7{}^{37}Cl_2$	416.8467	*m*+4-HCl	0.89, 0.76～1.02

续表

化合物	特征离子质荷比	质荷比类型	丰度比（*m*，质量数）理论值及范围
$C_{10}H_{12}{}^{35}Cl_9{}^{37}Cl$	448.8106	*m*+2-HCl	（*m*+2）/（*m*+4） 0.78, 0.66～0.90
$C_{10}H_{12}{}^{35}Cl_8{}^{37}Cl_2$	450.8077	*m*+4-HCl	
$C_{11}H_{19}{}^{35}Cl_5$	291.0211	*m*-HCl	*m*/（*m*+2） 0.78, 0.66～0.90
$C_{11}H_{19}{}^{35}Cl_4{}^{37}Cl$	293.0211	*m*+2-HCl	
$C_{11}H_{18}{}^{35}Cl_5{}^{37}Cl$	326.9822	*m*+2-HCl	（*m*+2）/（*m*+4） 1.56, 1.33～1.79
$C_{11}H_{18}{}^{35}Cl_4{}^{37}Cl_2$	328.9792	*m*+4-HCl	
$C_{11}H_{17}{}^{35}Cl_6{}^{37}Cl$	360.9432	*m*+2-HCl	（*m*+2）/（*m*+4） 1.25, 1.06～1.44
$C_{11}H_{17}{}^{35}Cl_5{}^{37}Cl_2$	362.9402	*m*+4-HCl	
$C_{11}H_{16}{}^{35}Cl_7{}^{37}Cl$	394.9042	*m*+2-HCl	（*m*+2）/（*m*+4） 1.04, 0.88～1.20
$C_{11}H_{16}{}^{35}Cl_6{}^{37}Cl_2$	396.9013	*m*+4-HCl	
$C_{11}H_{15}{}^{35}Cl_8{}^{37}Cl$	428.8656	*m*+2-HCl	（*m*+2）/（*m*+4） 0.89, 0.76～1.02
$C_{11}H_{15}{}^{35}Cl_7{}^{37}Cl_2$	430.8623	*m*+4-HCl	
$C_{11}H_{14}{}^{35}Cl_9{}^{37}Cl$	462.8263	*m*+2-HCl	（*m*+2）/（*m*+4） 0.78, 0.66～0.90
$C_{11}H_{14}{}^{35}Cl_8{}^{37}Cl_2$	464.8233	*m*+4-HCl	
$C_{12}H_{21}{}^{35}Cl_5$	305.0397	*m*-HCl	*m*/（*m*+2） 0.78, 0.66～0.90
$C_{12}H_{21}{}^{35}Cl_4{}^{37}Cl$	307.0368	*m*+2-HCl	
$C_{12}H_{20}{}^{35}Cl_5{}^{37}Cl$	340.9978	*m*+2-HCl	（*m*+2）/（*m*+4） 1.56, 1.33～1.79
$C_{12}H_{20}{}^{35}Cl_4{}^{37}Cl_2$	342.9949	*m*+4-HCl	
$C_{12}H_{19}{}^{35}Cl_6{}^{37}Cl$	374.9588	*m*+2-HCl	（*m*+2）/（*m*+4） 1.25, 1.06～1.44
$C_{12}H_{19}{}^{35}Cl_5{}^{37}Cl_2$	376.9559	*m*+4-HCl	
$C_{12}H_{18}{}^{35}Cl_7{}^{37}Cl$	408.9199	*m*+2-HCl	（*m*+2）/（*m*+4） 1.04, 0.88～1.20
$C_{12}H_{18}{}^{35}Cl_6{}^{37}Cl_2$	410.9169	*m*+4-HCl	
$C_{12}H_{17}{}^{35}Cl_8{}^{37}Cl$	442.8809	*m*+2-HCl	（*m*+2）/（*m*+4） 0.89, 0.76～1.02
$C_{12}H_{17}{}^{35}Cl_7{}^{37}Cl_2$	444.8779	*m*+4-HCl	
$C_{12}H_{16}{}^{35}Cl_9{}^{37}Cl$	476.8419	*m*+2-HCl	（*m*+2）/（*m*+4） 0.78, 0.66～0.90
$C_{12}H_{16}{}^{35}Cl_8{}^{37}Cl_2$	478.8390	*m*+4-HCl	
$C_{13}H_{23}{}^{35}Cl_5$	319.0554	*m*-HCl	*m*/（*m*+2） 0.78, 0.66～0.90
$C_{13}H_{23}{}^{35}Cl_4{}^{37}Cl$	321.0524	*m*+2-HCl	
$C_{13}H_{22}{}^{35}Cl_5{}^{37}Cl$	355.0135	*m*+2-HCl	（*m*+2）/（*m*+4） 1.56, 1.33～1.79
$C_{13}H_{22}{}^{35}Cl_4{}^{37}Cl_2$	357.0105	*m*+4-HCl	
$C_{13}H_{21}{}^{35}Cl_6{}^{37}Cl$	388.9745	*m*+2-HCl	（*m*+2）/（*m*+4） 1.25, 1.06～1.44
$C_{13}H_{21}{}^{35}Cl_5{}^{37}Cl_2$	390.9715	*m*+4-HCl	

续表

化合物	特征离子质荷比	质荷比类型	丰度比（m，质量数）理论值及范围
$C_{13}H_{20}{}^{35}Cl_7{}^{37}Cl$	422.9355	m+2-HCl	（m+2）/（m+4）
$C_{13}H_{20}{}^{35}Cl_6{}^{37}Cl_2$	424.9326	m+4-HCl	1.04, 0.88～1.20
$C_{13}H_{19}{}^{35}Cl_8{}^{37}Cl$	456.8965	m+2-HCl	（m+2）/（m+4）
$C_{13}H_{19}{}^{35}Cl_7{}^{37}Cl_2$	458.8936	m+4-HCl	0.89, 0.76～1.02
$C_{13}H_{18}{}^{35}Cl_9{}^{37}Cl$	490.8576	m+2-HCl	（m+2）/（m+4）
$C_{13}H_{18}{}^{35}Cl_8{}^{37}Cl_2$	492.8546	m+4-HCl	0.78, 0.66～0.90

表 5-8　得克隆出峰次序、特征离子及丰度比（高分辨磁质谱，电离源）

化合物	特征离子质荷比		质荷比类型	丰度比（m，质量数）理论值及范围
	自然	标记		
${}^{12}C_{18}H_{12}{}^{35}Cl_{12}$, DP602	271.8102	277.8303	m	m/（m+2）
	273.8072	279.8273	m+2	1.52, 1.29～1.75
${}^{12}C_{18}H_{12}{}^{35}Cl_{12}$, DP603	262.8570	268.8771	m	m/（m+2）
	264.8540	270.8741	m+2	1.56, 1.33～1.79
${}^{12}C_{18}H_{12}{}^{35}Cl_{12}$, DP604	417.7026		m	m/（m+2）
	419.7006		m+2	0.68, 0.58～0.78
${}^{12}C_{18}H_{12}{}^{35}Cl_{12}$, DP, *syn*	271.8102	277.8303	m	m/（m+2）
	273.8072	279.8273	m+2	1.27, 1.08～1.46
${}^{12}C_{18}H_{12}{}^{35}Cl_{12}$, DP, *anti*	271.8102	277.8303	m	m/（m+2）
	273.8072	279.8273	m+2	1.25, 1.06～1.44

表 5-9　得克隆出峰次序、特征离子及丰度比（低分辨负化学源）

化合物	特征离子质荷比		质荷比类型	丰度比（m，质量数）理论值及范围
	自然	标记		
${}^{12}C_{18}H_{12}{}^{35}Cl_{12}$, DP602	613.6	623.6	m	m/（m+2）
	615.6	625.6	m+2	1.58, 1.34～1.82
${}^{12}C_{18}H_{12}{}^{35}Cl_{12}$, DP603	637.7	647.7	m	m/（m+2）
	639.7	649.7	m+2	1.54, 1.31～1.77
${}^{12}C_{18}H_{12}{}^{35}Cl_{12}$, DP604	691.5		m	m/（m+2）
	693.5		m+2	0.64, 0.56～0.76

续表

化合物	特征离子质荷比		质荷比类型	丰度比（m，质量数）理论值及范围
	自然	标记		
$^{12}C_{18}H_{12}{}^{35}Cl_{12}$, DP, *syn*	651.7	661.6	*m*	*m*/（*m*+2）1.24, 1.05～1.43
	653.7	663.6	*m*+2	
$^{12}C_{18}H_{12}{}^{35}Cl_{12}$, DP, *anti*	651.7	661.6	*m*	
	653.7	663.6	*m*+2	

5.5.2 校准

水中八类化合物的富集洗脱时，可以不用进一步分离，采用不同的色谱柱和升温程序以及不同类型的离子源，进行分离分析，为减少分析测定中化合物之间的干扰，以及节省测试成本，尽量少加标准物质，可根据关注的化合物，加入相应的内标。美国剑桥实验室的多氯联苯的窗口标（EC-4977）包含了一氯至十氯的多氯联苯，可作为多类半挥发性有机物分析中的内标，计算每类化合物的相对响应因子，以进行计算的校正。对于沉积物样品，由于把每个级分分开了，可以加入测定化合物内标或同位素添加标。具体内容见 3.5.2 节。

5.6 操 作 步 骤

5.6.1 样品的准备

样品的准备是要样品的物理形态有利于分析物有效萃取。通常样品须是液体或细微颗粒状态。

1. 水样

采集的水样，用 0.45μm 的混合纤维膜过滤，去除悬浮性物质。过滤后的水样备用，膜上的悬浮颗粒物用干净的铝箔纸包好，冷冻保存，如果测定其中污染物的含量，可按固体样品处理。

2. 沉积物和生物样品

将采集的沉积物，冷冻干燥后，用研钵或球磨仪研磨，过 80 目筛，然后避光密封放在冰箱中低温保存。冷冻的生物样品用组织粉碎机匀浆，冷冻干燥后，同沉积物操作；或匀浆后直接加适量的无水硫酸钠脱水干燥后，进行下一步萃取。

5.6.2　萃取和浓缩

1. 水样

取 1L 过滤好的水样，加入 1ng 溶解在甲醇中的多氯联苯同位素添加标或内标，平衡 2h。进行富集前将 HLB 固相萃取柱活化，在重力条件下，依次用二氯甲烷、甲醇和试剂水各 10mL 淋洗萃取柱，弃掉淋洗液。将平衡好的水样上样至萃取柱，流速为 5～10mL/min，上样完毕后，真空干燥萃取柱 30min。然后用 10mL 二氯甲烷洗脱萃取柱，淋洗液用合适规格和体积的器皿收集（如离心管或 KD 管），初始洗脱液可在真空中滴下，并在重力作用下完成洗脱。最后将萃取液用氮气微量浓缩并完全转移至装有 20μL 壬烷的衬管中，氮气微量浓缩至 20μL。

2. 沉积物和生物样品

称取 2g 左右研磨好的样品，加入 1ng/mL 八类化合物同位素添加标（或内标）的丙酮溶液 1mL，混匀，平衡不少于 2h；然后加入 10g 无水硫酸钠，混匀后用二氯甲烷：正己烷（体积比，1∶1）或丙酮：正己烷（体积比，1∶1）进行加速溶剂萃取（仪器参数按仪器操作说明书设置）或索氏提取。提取液用旋转蒸发仪或其他浓缩装置大量浓缩至 2～3mL，以进行下一步净化。

5.6.3　净化

1. 水样

水样富集后的洗脱液不澄清或有颜色，可用碳柱或硅胶柱净化。碳柱采用 0.5mL 小柱，硅胶柱采用一次性滴管中加入玻璃毛、放入适量的 5%硅胶的自制小柱。净化时用 3 倍柱体积的正己烷预淋洗净化柱，上样后，用 3 倍柱体积洗脱液洗脱，洗脱液用氮气微量浓缩并定量转移至装有 20μL 壬烷的内衬管样品瓶中，待测。测定前加入 1ng 注射标用涡旋器混匀（10μL，以确保样品浓度在仪器的信号稳定范围内）。

2. 沉积物

进行沉积物净化分离前，首先进行八类化合物在复合硅胶柱、碱性氧化铝柱、弗罗里硅土柱以及除硫等步骤的流出曲线测定，以确认方法的实现。

沉积物的萃取液如果呈黄色，可加入 5.3.4 节中活化好的铜粉除去含硫化合物，然后进行层析柱的净化。

（1）多层硅胶柱净化：在长 30cm、内径 1cm 的玻璃层析干法装柱，底部用适量的玻璃棉，既不能让填料流失，又不能使洗脱液受阻。用洗耳球一边轻轻敲打柱子，一边依次加入 2g $AgNO_3$ 硅胶、1g 活化硅胶、3g 碱性硅胶、1g 活化硅胶、4g 44%酸性硅胶、4g 22%酸性硅胶、1g 活化硅胶、2cm 高的无水 Na_2SO_4。用 70mL 正己烷预淋洗，柱头加入浓缩后的萃取物，100mL 正己烷洗脱第一级分包括多氯联苯（除一氯联苯和部分二氯联苯外）、二噁英、多氯萘、有机氯（五氯苯、六氯苯、*o*, *p*′-DDE、*p*, *p*′-DDE、*p*, *p*′-DDT、*o*, *p*′-DDD、七氯、反式-氯丹、灭蚁灵和开蓬）和得克隆，然后用二氯甲烷和正己烷的混合溶液（体积比，1∶1）洗脱多溴二苯醚、溴代二噁英、短链氯化石蜡、一氯联苯和部分二氯联苯、有机氯 $\alpha, \beta, \gamma, \delta$-HCH、氧化氯丹、*o*, *p*′-DDD、*o*, *p*′-DDT 和顺式-九氯。

注意：环氧七氯、艾氏剂、狄氏剂、异狄氏剂和硫丹（Ⅰ和Ⅱ）在多层硅胶柱上被破坏，$AgNO_3$ 硅胶对八类化合物的分离具有重要作用。*p*, *p*′-DDT 和 *o*, *p*′-DDT 被分离在两个级分里，避免了同时测定难以在色谱柱上分离的问题。

第一级分浓缩后用氧化铝层析柱进一步分离。在内径 1cm、长 30cm 并带有旋塞的玻璃柱，从底到顶依次加入玻璃棉、8g 活化的碱性氧化铝、2cm 高的无水 Na_2SO_4（半湿法装柱）。用 50mL 正己烷预淋洗。将浓缩好的第一级分完全转移至柱头，用 100mL 5%二氯甲烷∶正己烷（体积比）淋洗 PCBs（除一氯联苯和部分二氯联苯外）、多氯萘、得克隆和部分有机氯，然后用 50mL 50%二氯甲烷∶正己烷（体积比）淋洗二噁英。

第二级分浓缩后用弗罗里硅土柱进一步分离。在内径 1cm、长 30cm 并带有旋塞的玻璃柱，从底到顶依次加入玻璃棉、6g 失活的弗罗里硅土、2cm 高的无水 Na_2SO_4。用 50mL 正己烷预淋洗。将浓缩好的第一级分完全转移至柱头，用 100mL 正己烷洗脱多溴二苯醚及一氯联苯和部分二氯联苯，然后用 50mL 二氯甲烷洗脱溴代二噁英、部分有机氯和短链氯化石蜡。

注意：对于这八类化合物的分离，每个实验室在用本方法进行分离净化时，先用标样，确认流出曲线，也可根据所关注的目标化合物，调整流出曲线。

（2）流出曲线的确认：用八类化合物的混标，每 10mL 洗脱液为一级分，至目标化合物完全流出为止，每个级分浓缩至 20μL，测定分析，确定流出曲线。

（3）浓缩：洗脱液先大量浓缩至 2～3mL，再用氮气微量浓缩并定量转移至装有 20μL 壬烷的内衬管样品瓶，待测。

3. 生物样品

在用层析柱进行净化分离前，要进行萃取液中脂肪的去除。

（1）脂肪含量的测定及去除：将生物样品的提取液浓缩至近干，溶剂挥发至质量平衡，测定脂肪含量。然后用正己烷复溶，用酸性硅胶柱去除脂肪。在长 30cm、内径 1cm 的玻璃层析干法装柱，依次加入 1g 活化硅胶、8g 44%酸性硅胶、8g 22%酸性硅胶、1g 活化硅胶、2cm 高的无水 Na_2SO_4。用 70mL 正己烷预淋洗，柱头加入浓缩后的萃取物，用 100mL 正己烷洗脱，并收集。

（2）净化和浓缩同沉积物的方法。

5.6.4　仪器分析

净化浓缩好的 20μL 壬烷萃取液，加入 1ng 注射标，调整浓度，最好加入量不要超过 10μL，最后使总体积在 30μL 左右，以确保样品浓度在仪器的信号稳定范围内。按 5.5 节校准好的仪器条件进行测定。

5.7　定性和定量

定性和定量同 3.7 节。

5.8　质量控制与质量保证

质量控制与质量保证同 3.8 节，本方法八类化合物的精密度和检出限见表 5-10。

表 5-10　方法检出限、回收率和精密度

化合物	水			沉积物			鱼		
	检出限 /（ng/L）	回收率/%	精密度/%	检出限 /（pg/g dw[①]）	回收率/%	精密度/%	检出限 /（pg/g dw）	回收率/%	精密度/%
PCBs	1.5～16	48～95	5～15	1～6.5	45～97	5～22	2～15	46～95	7～23
PCDD/Fs	3.1～8.5	60～92	4～20	2～8.2	61～91	3～9	4.1～9.1	59～114	3～10
PBDEs	3～18	55～85	8～22	2～15	52～105	6～15	4～23	58～107	7～16
PBDD/Fs	6.5～35	50～82	10～25	6.1～33	65～97	4～12	5.1～17	64～120	4～12
PCNs	1.5～2.6	60～98	3～15	1～1.9	68～95	3～12	1～2.4	43～78	5～15
OCPs	3.8～25	61～105	3～18	2～19.7	54～115	3～10	5.5～30	50～110	4～11

续表

化合物	水			沉积物			鱼		
	检出限/（ng/L）	回收率/%	精密度/%	检出限/（pg/g dw）	回收率/%	精密度/%	检出限/（pg/g dw）	回收率/%	精密度/%
DPs	2.4～8.1	61～95	8～18	1.6～7.8	50～90	10～18	2.8～6.6	48～95	5～12
SCCPs	4.5～7.8	85～120	10～25	1.2～8.3②	85～115	7.0～20	5.6～7.6②	80～120	8～25

① dw 表示干重。

② 检出限单位为 ng/g dw。

5.9 白洋淀水、沉积物和鱼中八类化合物的浓度

白洋淀水、沉积物和鱼中八类化合物的浓度见附表 15、附表 17-1～附表 17-7。

第6章　全氟化合物的测定：固相萃取-超高效液相色谱串联质谱法

工 作 札 记

（1）样品溶液的溶液组成有机相比例应小于等于流动相的初始比例，因此在氮吹后，用高含量的甲醇溶液定容后，在进样前要通过添加一定体积的水调整进样溶液的有机相含量。通常各取 200μL 保证仪器进样针可以取样成功即可。同时，标准溶液的配制也可配制成高浓度有机相溶液，加入等量的内标后，在进样前进行同比例稀释。

（2）干净的玻璃器皿需翻转或带盖放置，不要用铝箔纸覆盖，因为全氟化合物（PFCs）可能会从铝箔纸转移到玻璃器皿上。

（3）PFCs 的标准品、萃取液及样品不应与玻璃器皿接触，购买的商品化的 PFCs 标准品、内标和替代物用玻璃瓶盛装是可以的，但是随后进行的转移、稀释等操作均应使用聚丙烯容器。

（4）本方法的分析物可在许多实验室用品中检测到，如聚四氟乙烯产品、液相溶剂管线、甲醇、铝箔纸和固相萃取大体积水样上样管线等。Waters 公司开发了全氟化合物分析工具包，将仪器内部聚四氟管线更换为聚醚醚酮（PEEK）管，溶液过滤头更换为不锈钢材质，并且在流动相进入六通阀之前安装捕集柱，将流动相及仪器本身产生的 PFCs 污染进行截留，使样品中的化合物出峰时间与本底值分开，有效地解决了 PFCs 易在溶剂及管线中检出的问题。

（5）带盖聚丙烯小瓶可避免聚四氟乙烯包被的内衬垫的污染，但是聚丙烯盖不能密封，因此不能避免进样后的挥发。因此，无法做到同一小瓶多次进样。

（6）在质谱方法建立的过程中，目标化合物可配制在甲醇中，且浓度在 500～1000μg/L 较容易得到目标化合物的离子对。

（7）全氟烷基化合物因为官能团是羧基或者磺酸基，因此在电喷雾离子源模式下，以负离子模式存在。母离子的质荷比通常是原化合物失掉氢离子后的分子量与一个电荷的比值，即$[M-H]^-$。

（8）对于 C_6 及以下全氟羧酸，离子对通常只能得到一个，难以获得足够强度的第二个离子对。

（9）痕量有机污染物的分析，污染物的富集、浓缩、净化都是十分关键的步骤。用高效液相串联质谱仪进行分析，确定待测物的多反应监测（MRM）是关键。可根据化合物的结构特点，配制浓度较大的溶液（浓度通常为 500～1000μg/L）选择使用电喷雾离子源（ESI^+或者 ESI^-），变换碰撞电压及锥孔电压，选择能够产生足够子离子强度，又保证母离子强度在子离子强度 10%左右对应的碰撞电压及锥孔电压。每个化合物至少选择两个离子对，通常响应强度大的离子对作为定量离子，响应强度小的离子对作为定性离子。在确定好离子对的情况下，优化雾化温度、雾化气流量、锥孔气流量等参数。在多个化合物同时分析时，若不能同时产生最高响应值，应保证响应值较小的离子对有较高的响应。

（10）水样处理方法也适用于全氟烷基磷酸（PFPAs）、全氟烷基次磷酸（PFPis）和多氟烷基磷酸二酯（diPAPs）的富集和净化（刘晓雷等，2018）。

6.1 适 用 范 围

本方法适用于饮用水、地表水、地下水、土壤、底泥、活性污泥及鱼肉组织中 PFCs 的分析。

当水样取样量为 1L、浓缩体积为 1.0mL、进样量为 10.0μL 时，本方法测定下限为 0.10～0.40ng/L。

当土壤或沉积物取样量为 1g、试样定容体积为 1.0mL、进样体积为 10.0μL 时，本方法测定下限为 0.05～0.20μg/kg。

6.2 方 法 概 要

6.2.1 水质样品

水样中添加替代物，用弱阴离子交换固相萃取柱填料为键合氨基的聚苯乙烯-二乙烯基苯共聚物（150mg/6mL），萃取 1000mL 水样。分析物用小体积的氨水甲醇溶液洗脱。洗脱液水浴加热下氮气吹至近干。加入内标后，用甲醇：水=96：4（体积比）定容至 1mL。进样前分别取等体积的试剂水和萃取液，配成进样溶液，进样体积为 10μL。在相同的条件下，对比标准品和实际样品的保留时间与质谱图。分析物浓度用内标法定量。替代物添加至现场空白及质量控制（QC）样品中以监测萃取效率。

6.2.2　土壤及生物样品

土壤样品及鱼肉组织用离子对萃取法。土壤及匀浆后的鱼肉组织中添加替代物，放置过夜后加入四丁基硫酸氢铵（TBAHS，pH=10），加入碳酸钠缓冲液（Na_2CO_3，pH=10），再加入甲基叔丁基醚（MTBE），充分振荡后离心，转移 MTBE 层并氮吹至干，加入内标后，用甲醇：水=96：4（体积比）定容至 1mL。仪器分析前分别取等体积的试剂水和萃取液，配成进样溶液，进样体积为 10μL。定量方法同上。

6.3　设备、材料和试剂

因分析物易于吸附于玻璃材质表面，应使用聚丙烯材质的容器盛装标准溶液、样品及萃取液。其他塑料器皿（如聚乙烯）满足质量控制要求也可使用。

6.3.1　仪器设备

分析天平，精度为万分之一；固相萃取（SPE）装置；摇床，可摇 15mL 聚丙烯离心管；匀浆机，手持匀浆机，可深入 15mL 聚丙烯离心管中；离心机，转速大于 5000r/min，可离心 15mL 离心管。

超高效液相色谱串联四极杆质谱仪：液相系统应满足 10μL 进样要求，以及稳定流速下的二元梯度洗脱要求。二元泵在输送溶液时不能使用脱气机在流动相瓶中进行脱气，因为此类脱气机可使乙酸铵挥发，造成在一个分析批次中分析物出峰时间前移；三重四极杆串联质谱仪配备电喷雾离子源。系统在特定的保留时间内能产生特征子离子。每个峰要求最少 10 个数据点以保证精度。

6.3.2　材料

15mL 尖底聚丙烯带盖离心管储存标准溶液及萃取液；0.3mL 聚丙烯自动进样瓶带聚丙烯盖；聚丙烯容量瓶；移液枪，建议准备 10μL、100μL、200μL 和 1000μL 移液枪；塑料一次性吸管，聚丙烯或聚乙烯材质一次性移液枪吸头；固相萃取柱，Waters WAX 固相萃取柱（150mg，6mL）或同等效果萃取柱；滤膜，0.22 μm，聚丙烯材质；滤膜，玻璃纤维材质，0.8μm；氮气，纯度≥

99.99%。

色谱柱：Acquity BEH C_{18} 柱（2.1mm×50mm，1.7μm）或同等色谱柱，能产生足够分辨率、良好峰形及柱容量合适的色谱柱均可使用。

6.3.3 试剂及标准品

试剂水：不含任何分析物或干扰物，不超过 1/3 检出限的水。每天使用前，应舍弃纯化设备制水的前 3L 水，以保证将系统管路中的分析物冲出。甲醇，HPLC-MS 级；MTBE，HPLC 级；乙酸铵，HPLC 级；氨水（$NH_3 \cdot H_2O$）：NH_3=25%（质量分数）；氨水-甲醇混合溶液（2∶98），用氨水和甲醇按 2∶98 的体积比混合。流动相 A：10mmol/L 乙酸铵/水溶液，乙酸铵溶液容易挥发，每 48h 应重新配制。流动相 B：8∶2 甲醇∶乙腈（体积比）含 10mmol/L 乙酸铵。乙酸铵缓冲液：0.025mol/L，pH=4，取 387mg 乙酸铵，溶于 1.143mL 乙酸，并用水定容至 1000mL。TBAHS：0.5mol/L TBAHS，用氢氧化钠颗粒调整 pH 为 10。Na_2CO_3 缓冲液：配制 0.25mol/L Na_2CO_3 溶液，保存待用。标准溶液化合物纯度≥96%，质量浓度可不做校正。本部分所列溶液浓度为建立方法所用。可根据实验室仪器灵敏度及校准范围配制标准溶液浓度系列。

注意：储备液应冷藏保存，初级稀释标准液室温储存即可。当冷冻保存时，分析物可能吸附在容器壁上。室温保存标准溶液可避免溶液在室温放置时间不等造成的日间差异。

内标（IS）储备液：本方法用 4 种内标化合物，如表 6-1 所示。也可选择与本方法不同的内标，但应满足质量控制的要求。当选择与本方法不同的同位素内标时，MS/MS 所产生的母离子和子离子均相应调整。本方法所用内标为同位素内标混合溶液，各组分的浓度均为 50μg/mL。也可以购买同位素单标或纯品自己配制。可购于有资质的生产商。内标储备液在 4℃可至少保存 6 个月。

表 6-1 内标稀释液浓度①及配制方法

IS	IS 储备液浓度 /（μg/mL）	吸取 IS 储备液体积/μL	IS PDS 最终体积/μL	IS PDS 浓度 /（μg/mL）
$^{13}C_3$-PFBA	50	200	5000	2.0
$^{13}C_2$-PFOA	50	200	5000	2.0
$^{13}C_6$-PFDA	50	200	5000	2.0
$^{13}C_8$-PFOS	50	200	5000	2.0

① 参考浓度。

内标初级稀释液（IS PDS）（1～4ng/μL）：配制或购买 IS PDS，浓度为 1～4ng/μL。IS PDS 配制在甲醇：水为 96：4（体积比）的溶液中，在室温下，配制的 IS PDS 溶液在聚丙烯离心管中至少在两个月内稳定。取 10μL IS PDS 加入 1mL 最终萃取液，IS 的浓度为 10～40pg/μL。

替代物（SUR）标准溶液：本方法使用的 9 种替代物列于表 6-2。替代物的选择应包含分析物的官能团，也可使用不同的替代物，并满足质量控制的要求。

表 6-2　替代物名称及简写

替代物①	简写
perfluoro-*n*-[$^{13}C_4$]butanoic acid	$^{13}C_4$-PFBA
perfluoro-*n*-[1, 2- $^{13}C_2$]hexanoic acid	$^{13}C_2$PFHxA
perfluoro-*n*-[1, 2, 3, 4- $^{13}C_4$]octanoic acid	$^{13}C_4$-PFOA
perfluoro-*n*-[1, 2, 3, 4, 5- $^{13}C_5$]nonanoic acid	$^{13}C_5$-PFNA
perfluoro-*n*-[1, 2-$^{13}C_2$] decanoic acid	$^{13}C_2$-PFDA
perfluoro-*n*-[1, 2- $^{13}C_2$]undecanoic acid	$^{13}C_2$-PFUnA
perfluoro-*n*-[1, 2-$^{13}C_2$]dodecanoic acid	$^{13}C_2$-PFDoA
sodium perfluoro-*l*-[$^{18}O_2$]hexanesulfonate	$^{18}O_2$-PFHxS
sodium perfluoro-*l*-[1, 2, 3, 4-$^{13}C_4$]octanesulfonate	$^{13}C_4$-PFOS

① 参考替代物。

替代物标准储备液：替代物标准储备液可以用单个标准的储备液，也可购买混合标准溶液。储备液在 4℃下至少可保存 6 个月。

替代物初级稀释标准溶液（SUR PDS）（1～4mg/L）：购买和自己配制均可，本方法的建议浓度为 1～4mg/L，SUR PDS 需配制在甲醇：水为 96：4（体积比）的溶液中，在此溶液中，SUR PDS 在聚丙烯离心管中可稳定保存一年。

分析物标准溶液：分析物标准品可以购买安瓿瓶装标准品或纯品，如表 6-3 所示。PFHxS 和 PFOS 难以购买到相应的酸，但是可以购买到其对应的钠盐或钾盐。钾盐或钠盐的标准品可用于分析物储备液的配制。其对应的酸质量可根据以下方程计算：

$$\text{Mass}_{\text{acid}}=\text{对应盐称量的质量}\times\frac{\text{MW}_{\text{acid}}}{\text{MW}_{\text{salt}}} \quad (6\text{-}1)$$

式中，MW_{acid} 为 PFCs 的分子量；MW_{salt} 为钾盐或钠盐的分子量。

分析物标准储备液：若用纯品配制，应准确称量 5mg 纯品于 4mL 聚丙烯瓶中，然后按表 6-3 加入 1mL 溶液。重复此操作，准备每个标准品的储备液。在 –15℃，储备液可保存至少半年。当用次储备液配制 PDS 时，应在室温下充分平衡并混匀。

表 6-3　分析物名称、简写及其储备液溶液组成

分析物	简写	分析物储备液溶液组成
全氟丁酸	PFBA	甲醇：水=96：4（体积比）
全氟戊酸	PFPeA	甲醇：水=96：4（体积比）
全氟己酸	PFHxA	甲醇：水=96：4（体积比）
全氟庚酸	PFHpA	甲醇：水=96：4（体积比）
全氟辛酸	PFOA	甲醇：水=96：4（体积比）
全氟壬酸	PFNA	甲醇：水=96：4（体积比）
全氟癸酸	PFDA	甲醇：水=96：4（体积比）
全氟十一烷酸	PFUnA	甲醇：水=96：4（体积比）
全氟十二烷酸	PFDoA	甲醇：水=96：4（体积比）
全氟十三烷酸	PFTrDA	100% 乙酸乙酯
全氟十四烷酸	PFTeDA	100% 乙酸乙酯
全氟丁磺酸	PFBS	100% 甲醇
全氟己磺酸	PFHxS	100% 甲醇
全氟辛磺酸	PFOS	100% 甲醇
全氟癸磺酸	PFDS	100% 甲醇

分析物初级稀释标准溶液（PDS）（0.5～2.5ng/μL）：分析物 PDS 含有所有的目标分析物，浓度在 0.5～2.5ng/μL，溶液组成为含 4%水的甲醇溶液。分析物 PDS 中，分析物的浓度不尽相同，相同浓度下，全氟磺酸类化合物的响应强度较全氟羧酸低。在室温下，分析物 PDS 可保存至少 6 个月。

标准溶液（CAL）：应至少配制 5 个不同浓度的标准溶液，且浓度范围应涵盖 20 倍，更宽范围的标准范围则需要更多浓度点。IS 和 SUR 以相同的浓度添加到标准溶液中。本方法中，SUR 在标准溶液中的浓度为 10～40pg/μL，IS 在标准溶液中浓度为 10～40pg/μL，标准溶液最低浓度应不大于定量检出限。方法建立时，标准溶液在室温下至少可保存两周。

LC/MS/MS 体系用内标方法校准，用仪器工作站建立线性或二次方标准曲线。该曲线应强制过原点，必要时选择浓度权重。强制过原点可更好地估计分析物的背景水平。

6.4　样品采集、保存和储存

6.4.1　水样样品采集

用 1000mL 聚丙烯瓶采集水样，并用相同材质的盖子盖好。

采样前，操作人员应洗手并戴丁腈手套，然后采集样品并密封。采样时 PFCs 污染有可能来自食品包装袋，以及某些食物和饮料。正确地洗手及戴丁腈手套有助于减少这种偶然发生的污染。

打开水龙头 3～5min 后，水温稳定时采集水样；充满样品瓶，无需保留顶空；样品采集后，旋紧瓶盖，在萃取前保持样品瓶密封。地表水及地下水水样采集在符合采样规范的基础上，用聚丙烯瓶采集。

6.4.2　沉积物和生物样品的采集

底泥、土壤及鱼类样品采集后应直接装入聚丙烯瓶中，加盖密封。

6.5　校准和标准

ESI-MS/MS 调谐，按照仪器厂商的步骤，用标准物质校准 MS 质量范围。

优化每个分析物的$[M-H]^-$响应强度。通常分析物标准溶液（浓度为 0.5～1.0 μg/mL）通过直接进样与选定的液相流动相（流速约为 0.3mL/min）共同进入质谱中。调谐可以使用分析物的混合标准溶液。变化质谱的参数（电压、温度、气流等）直到分析物的响应达到最优。分析物的优化条件不同时，须做出妥协。优化二级质谱的参数（碰撞气压力、碰撞能量等）以使响应强度达到最优。

注意：①若目标物与流动相共同进入质谱后，信号强度低，可降低流动相流速甚至停止流动相。②全氟羧酸类化合物在离子源里常发生分解，羧基很容易脱去。锥孔电压优化应从较低电压开始。

参考液相色谱条件：柱温为 35℃；进样量为 10.0μL；流速为 0.3mL/min；梯度洗脱程序见表 6-4。

表 6-4　梯度洗脱程序

时间/min	流动相 A/%	流动相 B/%
0	50	50
7	0	100
7.5	50	50
9.0	50	50

质谱条件：ESI 源，扫描模式为负离子扫描，检测模式为多反应监测（MRM），离子源温度为 120℃，去溶剂温度为 450℃，去溶剂气体和锥孔气体（均为氮气）流速分别为 800L/h 和 50L/h。目标化合物和替代标的监测离子对及参考质谱参数如表 6-5 所示。

表 6-5　目标化合物和替代标的监测离子对及参考质谱参数

目标化合物	离子对（m/z）	替代标	替代标（m/z）	锥孔电压/V	碰撞电压/V
PFBA	213/169①	$^{13}C_4$-PFBA	217/172①	20	8
PFPeA	263/219①	$^{13}C_4$-PFBA	217/172①	20	8
PFHxA	313/269①	$^{13}C_2$-PFHxA	315/270①	10	10
PFHpA	362.9/169①, 319	$^{13}C_2$-PFHxA	315/270①	18	18
PFOA	412.9/369①, 169	$^{13}C_4$-PFOA	416.9/372①	20	18
PFNA	463/419①, 169	$^{13}C_5$-PFNA	468/423①	16	19
PFDA	513/469①, 219	$^{13}C_2$-PFDA	515/470①	22	16
PFUnDA	563/519①, 319	$^{13}C_2$-PFUnDA	565/520①	20	18
PFDoDA	613/569①, 319	$^{13}C_2$-PFDoDA	615/570①	24	18
PFTrDA	663/619①, 319	$^{13}C_2$-PFDoDA	615/570①	20	20
PFTeDA	713/669①, 319	$^{13}C_2$-PFDoDA	615/570①	20	20
PFBS	298.8/79.9①, 98.8	$^{18}O_2$-PFHxS	403/103①	56	36
PFHxS	398.9/79.9①, 98.8	$^{18}O_2$-PFHxS	403/103①	45	33
PFOS	498.9/79.9①, 98.8	$^{13}C_4$-PFOS	502.9/99①	60	39
PFDS	599/80①, 99	$^{13}C_4$-PFOS	502.9/99①	80	45

① 定量离子对。

6.6 操 作 步 骤

6.6.1 水质样品

在水样中添加 10.0μL 替代标，使用水样抽滤装置及玻璃纤维滤膜过滤水样。

依次用 6mL 氨水-甲醇混合溶液（2∶98，体积比）、6mL 甲醇和 6mL 水活化固相萃取柱，在活化过程中液面应保持在填料以上。将过滤后的 1000mL 水样以 3～5mL/min 的流速通过固相萃取柱。上样结束后，使用 8mL 乙酸铵缓冲液（pH=4）淋洗固相萃取柱，弃去淋洗液。使用真空泵干燥固相萃取柱 20min，使用 2mL 甲醇淋洗固相萃取柱，弃去淋洗液。使用 6mL 氨水-甲醇混合溶液（2∶98，体积比）洗脱固相萃取柱，收集洗脱液。

用浓缩装置将洗脱液氮吹至干并用甲醇∶水为 96∶4（体积比）的溶液定容至 1mL，加入 10.0μL 进样内标，经滤膜过滤后待测。处理好的试样应于 0～6℃条件下密封、避光保存，30d 内完成分析。

6.6.2 土壤和沉积物样品

将土壤或沉积物样品冷冻干燥后，计算含水率。冷冻干燥后的样品进行研磨，过 80 目筛，装入聚丙烯瓶中待用。取研磨后样品 1g 于 15mL 聚丙烯离心管中，添加 10μL 替代标，摇匀，静置一夜。加入 1mL 0.5mol/L 的 TBAHS，再加入 4mL Na_2CO_3 缓冲液，混匀后加入 5mL MTBE 进行液液萃取，振荡 7min，5000r/min 离心 5min，将上层溶液转移至新的聚丙烯离心管中，重复加入 5mL MTBE 于原离心管中，振荡，离心后，合并上层萃取液。用浓缩装置将萃取液氮吹至干，并用甲醇∶水为 96∶4（体积比）的溶液定容至 1mL，加入 10.0μL 进样内标，经滤膜过滤后待测。

6.6.3 生物组织

鱼肉组织冷冻干燥后，取 1g 于 15mL 聚丙烯离心管中，用组织破碎机进行匀浆。添加 10μL 替代标，摇匀。加入 1mL 0.5mol/L 的 TBAHS，再加入 4mL Na_2CO_3 缓冲液，加入 5mL MTBE 进行液液萃取，振荡 7min，5000r/min 离心 5min，将上层溶液转移至新的聚丙烯离心管中，重复加入 5mL MTBE 于原离心管中，振荡，离心后，合并上层萃取液。用浓缩装置将萃取液氮吹至干，并用甲醇∶水为 96∶4 的溶液（体积比）定容至 1mL，加入 10.0μL 进样内标，经滤膜过滤后待测。

6.7 定性和定量

6.7.1 定性分析

根据保留时间定性，在相同的实验条件下，试样中目标物保留时间和标准溶液中目标物保留时间比较，偏差应≤0.1min。样品中某组分定性离子对的相对丰度 K_{sam} 与浓度接近的标准溶液中定性离子对的相对丰度 K_{std} 进行比较，偏差≤30%时，即可判定为样品中存在目标物。

样品中某组分定性离子对的相对丰度 K_{sam} 按照式（6-2）计算：

$$K_{sam} = \frac{A_2}{A_1} \times 100\% \quad (6\text{-}2)$$

式中，K_{sam} 为试样中某组分定性离子对的相对丰度，%；A_2 为试样中某组分定性离子对的峰面积；A_1 为试样中某组分定量离子对的峰面积。

标准溶液中某组分定性离子对的相对丰度 K_{std} 按照式（6-3）计算：

$$K_{std} = \frac{A_{std2}}{A_{std1}} \times 100\% \quad (6\text{-}3)$$

式中，K_{std} 为标准溶液中某组分定性离子对的相对丰度，%；A_{std2} 为标准溶液中某组分定性离子对的峰面积；A_{std1} 为标准溶液中某组分定量离子对的峰面积。

6.7.2 定量

1. 平均相对响应因子计算

按照式（6-4）计算目标物的相对响应因子：

$$RF_{si} = \frac{A_{si}}{A_{csi}} \times \frac{Q_{csi}}{Q_{si}} \quad (6\text{-}4)$$

式中，RF_{si} 为标准系列中第 i 点目标物的相对响应因子；Q_{csi} 为标准系列中第 i 点替代标的质量，ng；Q_{si} 为标准系列中第 i 点目标物的质量，ng；A_{csi} 为标准系列中第 i 点替代标的峰面积；A_{si} 为标准系列中第 i 点目标物的峰面积。

按照式（6-5）计算目标物的平均相对响应因子：

$$\overline{RF_s} = \frac{\sum_{i=1}^{n} RF_{si}}{n} \qquad (6\text{-}5)$$

式中，$\overline{RF_s}$ 为目标物的平均相对响应因子；RF_{si} 为标准系列中第 i 点目标物的相对响应因子；n 为标准系列点数。

按照式（6-6）计算替代标的相对响应因子：

$$RF_{csi} = \frac{A_{csi}}{A_{rsi}} \times \frac{Q_{rsi}}{Q_{csi}} \qquad (6\text{-}6)$$

式中，RF_{csi} 为标准系列中第 i 点替代标的相对响应因子；Q_{rsi} 为标准系列中第 i 点进样内标的质量，ng；Q_{csi} 为标准系列中第 i 点替代标的质量，ng；A_{rsi} 为标准系列中第 i 点进样内标的峰面积；A_{csi} 为标准系列中第 i 点替代标的峰面积。

按照式（6-7）计算替代标的平均相对响应因子：

$$\overline{RF_{cs}} = \frac{\sum_{i=1}^{n} RF_{csi}}{n} \qquad (6\text{-}7)$$

式中，$\overline{RF_{cs}}$ 为替代标的平均相对响应因子；RF_{csi} 为标准系列中第 i 点替代标的相对响应因子；n 为标准系列点数。

2. 替代标回收率的计算

按照式（6-8）计算替代标回收率：

$$R_{cs} = \frac{A_{cs}}{A_{rs}} \times \frac{Q_{rs}}{\overline{RF_{cs}}} \times \frac{100}{Q_{cs}} \qquad (6\text{-}8)$$

式中，R_{cs} 为试样中替代标的回收率，%；A_{cs} 为试样中替代标的峰面积；A_{rs} 为试样中进样内标的峰面积；Q_{cs} 为试样中替代标的质量，ng；Q_{rs} 为试样中进样内标的质量，ng；$\overline{RF_{cs}}$ 为替代标的平均相对响应因子。

3. 试样中目标物质量的计算

试样中目标物的质量按式（6-9）计算：

$$Q_i = \frac{A_i}{A_{cs}} \times \frac{Q_{cs}}{\overline{RF_s}} \qquad (6\text{-}9)$$

式中，Q_i 为试样中目标物的质量，ng；Q_{cs} 为试样中替代标的质量，ng；A_i 为试样中目标物的峰面积；A_{cs} 为试样中替代标的峰面积；$\overline{RF_s}$ 为目标物的平均相对响应因子。

当全氟化合物标准溶液以盐溶液形态存在时，样品中全氟化合物结果可以用全氟化合物阴离子或相应酸浓度表示。

全氟化合物阴离子浓度按式（6-10）计算：

$$Q = \frac{M_1 \times Q_{sd}}{M_2} \tag{6-10}$$

式中，Q 为标准溶液中全氟化合物阴离子或相应酸的浓度，ng；Q_{sd} 为标准溶液中全氟化合物盐的浓度，ng；M_1 为全氟磺酸阴离子或相应酸分子量；M_2 为全氟磺酸盐分子量。

4. 水样中目标化合物质量浓度的计算

水样中目标物的质量浓度按式（6-11）计算：

$$\omega_i = \frac{Q_i}{V} \times D \tag{6-11}$$

式中，ω_i 为水样中目标物的质量浓度，ng/L；Q_i 为试样中目标物的质量，ng；V 为水样体积，L；D 为稀释倍数。

5. 土壤、沉积物和鱼肉组织中目标化合物质量浓度的计算

土壤、沉积物和鱼肉组织中目标物的质量浓度按式（6-12）计算：

$$\omega_i = \frac{Q_i}{Q_s} \times D \tag{6-12}$$

式中，ω_i 为土壤、沉积物和鱼肉组织中目标物的质量浓度，ng/g；Q_i 为试样中目标物的质量，ng；Q_s 为试样的质量，g；D 为稀释倍数。

6.8 质量控制与质量保证

（1）现场试剂空白（FRB）：将 FRB 与样品一起送至实验室分析，并保证

PFCs 在样品采集过程中没有产生污染。

（2）样品运输及储存：样品须冷藏运输，样品在实验室保存时，温度应≤6℃，但不应冷冻保存。

（3）样品及萃取液保存时间：样品储存稳定性研究表明，所有的分析物在采集、保存、运输及储存过程中可保持稳定 14d。因此，水样采集后应在 14d 内尽快萃取。萃取液需在室温下保存，并在 28d 内分析完成。

6.9　白洋淀水、沉积物和鱼中 PFCs 的浓度

白洋淀水、沉积物和鱼中 PFCs 的浓度见附表 18。

第7章　抗生素类化合物的测定：超高效液相色谱串联质谱法

工 作 札 记

（1）抗生素类化合物种类多，本方法所列化合物均选择电喷雾正离子（ESI^+）模式产生分子离子峰，但是对于头孢菌素类化合物，在电喷雾负离子（ESI^-）模式下可能产生的分子离子峰强度更高。

（2）对于同一种化合物，不同的文献中可能选择的离子对不一样，这可能与仪器的条件设置有关，可参考同品牌仪器给出的定性定量离子对。

（3）抗生素的测定样品前处理过程十分关键。样品萃取后，萃取液氮吹不能吹干，应保留大概 50μL，再进行定容。因为氟喹诺酮类抗生素在吹干的情况下，部分用高水相定容不能完全溶解，造成回收率低及精密度差。

（4）样品在吹干的情况下，可以用 10mmol/L PBS 缓冲盐/甲醇（9∶1，体积比）复溶，但同时标准溶液也须用相同的溶液配制。

（5）具备在线固相萃取的液相色谱串联质谱仪可通过改变上样及洗脱条件在线完成抗生素萃取、分离和检测。全自动在线前处理-超高效液相色谱串联质谱联用系统，可以快速、高灵敏地对水中的部分大环内酯、磺胺、喹诺酮、β-内酰胺以及部分抗虫药、激素等 80 多种化合物进行检测分析，绝大多数化合物检出限低于 1ng/L。各品牌在线固相萃取液相色谱串联质谱仪在设计上各有不同，可按照厂商给定的条件进行优化。

（6）除了抗生素，毒死蜱、藻毒素等化合物也可以用在线固相萃取方式进行分析，保证标准曲线和样品测定的方法一致就可以。

7.1　适 用 范 围

本方法适用于测定地下水、地表水、饮用水、工业废水、土壤、底泥及活性污泥中抗生素类化合物的测定。

7.2 方 法 概 要

目标化合物分为两组进行分析。第一组与第二组化合物的萃取、浓缩、净化方法均相同，但两组化合物使用不同的液相分析条件（表 7-1 和表 7-2）。在酸性条件下（pH 为 2）进行萃取，使用 LC/MS/MS 进行分析，使用 LC 分离目标化合物，电喷雾正离子模式（ESI^+）对目标化合物进行离子化，串联质谱对化合物进行定性定量分析。

表 7-1　第一组化合物电喷雾正离子（ESI^+）模式仪器条件

<table>
<tr><td>仪器</td><td colspan="5">Waters H-Class UPLC 或等效仪器，Micromass Xevo TQD MS/MS</td></tr>
<tr><td>LC 柱</td><td colspan="5">Acquity BEH C_{18}，5.0cm，2.1mm i.d.，1.7μm 粒径或等效色谱柱</td></tr>
<tr><td>离子源</td><td colspan="5">电喷雾正离子</td></tr>
<tr><td>数据采集</td><td colspan="5">多反应监测（MRM），单位质量分辨率</td></tr>
<tr><td>进样体积</td><td colspan="5">10μL</td></tr>
<tr><td colspan="2">液相梯度程序</td><td rowspan="2">流速/（mL/min）</td><td rowspan="2">梯度曲线</td><td colspan="2" rowspan="2">LC 柱参数</td></tr>
<tr><td>时间/min</td><td>流动相组成①</td></tr>
<tr><td rowspan="2">0</td><td rowspan="2">80%A，20%B</td><td rowspan="2">0.3</td><td rowspan="2">初始</td><td>柱温/℃</td><td>40</td></tr>
<tr><td>流速/（mL/min）</td><td>0.3</td></tr>
<tr><td rowspan="2">2.8</td><td rowspan="2">45%A，55%B</td><td rowspan="2">0.3</td><td rowspan="2">11</td><td>最大压力/psi②</td><td>10000</td></tr>
<tr><td>自动进样盘温度</td><td>室温</td></tr>
<tr><td>5.0</td><td>45%A，55%B</td><td>0.3</td><td>6</td><td colspan="2">质谱参数</td></tr>
<tr><td rowspan="2">5.1</td><td rowspan="2">80%A，20%B</td><td rowspan="2">0.3</td><td rowspan="2">6</td><td>离子源温度/℃</td><td>140</td></tr>
<tr><td>去溶剂气温度/℃</td><td>350</td></tr>
<tr><td>7.0</td><td>80%A，20%B</td><td>0.3</td><td>6</td><td>锥孔气，去溶剂气流量/（L/h）</td><td>80，400</td></tr>
</table>

① 溶剂 A=含 0.3%甲酸和 0.1%甲酸铵水溶液，溶剂 B=乙腈：甲醇（1：1，体积比）。

② 1psi=6.89476×10^3Pa。下同。

表 7-2　第二组化合物电喷雾正离子（ESI^+）模式仪器条件

仪器	Waters H-Class UPLC 或等效仪器，Micromass Xevo TQD MS/MS
LC 柱	Acquity BEH C_{18}，5.0cm，2.1mm i.d.，1.7μm 粒径或等效色谱柱
离子源	电喷雾正离子
数据采集	多反应监测（MRM），单位质量分辨率
进样体积	10μL

液相梯度程序		流速/（mL/min）	梯度曲线
时间/min	流动相组成①		
0.0	20%A，80%B	0.3	初始
3.0	20%A，80%B	0.3	6
3.1	50%A，50%B	0.3	1
4.1	20%A，80%B	0.3	11
5.0	20%A，80%B	0.3	6

LC 柱参数	
柱温/℃	40
流速/（mL/min）	0.3
最大压力/psi	15000
自动进样盘温度	室温
质谱参数	
离子源温度/℃	120
去溶剂气温度/℃	400
锥孔气，去溶剂气流量/（L/h）	50，800

① 溶剂 A=乙腈：甲醇（1：1，体积比），含 5mmol/L 草酸，溶剂 B=5mmol/L 草酸水溶液。

7.2.1　水质样品

水样过滤后，用盐酸调节 pH 至 2，添加稳定同位素标记的标准品，水样中加入 Na_2EDTA。

7.2.2　固体样品

对于固体样品，添加同位素标记标准品，加入 EDTA-Mcllvaine：乙腈（1：1，体积比）缓冲液，萃取后，旋转蒸发除去乙腈，并用去离子水进行稀释，调节 pH 至 3，加入 Na_4EDTA。

7.2.3　样品富集及净化

处理后的水样用 HLB 固相萃取柱进行萃取，固体样品萃取液用 SAX 和

HLB 串联固相萃取柱进行固相萃取，氨水-甲醇洗脱并氮吹，添加注射标，用 10mmol/L 甲酸铵溶液定容至 1mL。

7.2.4　仪器分析

最终萃取液分两次进行分析，均用 ESI^+模式。目标化合物用液相色谱进行分离，串联质谱进行检测。子离子质荷比（*m/z*）检测须预先确定好。

通过对比标准品的子离子质荷比（*m/z*）及保留时间来确定每个化合物。

7.3　设备、材料和试剂

7.3.1　仪器设备

超高效液相色谱串联四极杆质谱联用仪，超高效液相色谱柱（ACQUITY UPLC™ BEH　C_{18}，2.1mm×50mm，1.7μm）或等效色谱柱，真空冷冻干燥机，高速冷冻离心机，Milli-Q 超纯水器，万分之一天平，氮吹仪，固相萃取装置（SUPELCO 公司，美国），超声细胞破碎仪，涡旋混合器。

7.3.2　材料

棕色玻璃瓶带旋盖，最小 1L；宽口棕色玻璃瓶，最小 500mL，若没有棕色瓶，应避光保存样品。固相萃取柱：HLB 500mg，6 mL，（Waters Oasis）或等效固相萃取柱；强阴离子 SAX 交换柱（500mg，6mL，安谱公司，中国）或等效固相萃取柱。

7.3.3　试剂和标准品

盐酸：分析纯；氨水：农残级；水合磷酸二氢钠：分析纯；无水草酸：色谱纯；甲醇（CH_3OH）：质谱级；乙腈（ACN）：质谱级；甲酸铵（NH_4FA）：分析纯；甲酸（FA）：色谱纯；柠檬酸：分析纯；磷酸氢二钠：分析纯；乙二胺四乙酸二钠（Na_2EDTA）：分析纯。

EDTA-Mcllvaine 缓冲液（pH=4.0）：将 12.9g 柠檬酸、27.5g 磷酸氢二钠和 37.2g Na_2EDTA 用超纯水定容至 1L。氨水-甲醇溶液（氨气：甲醇=5：95，体积比）。甲酸-甲酸铵（0.1%）水溶液：4mL 甲酸和 4g 甲酸铵溶于 4L HPLC 级水中，充分混匀超声 5min。

甲酸（0.1%）-甲醇：水（75：25，体积比）：4mL 甲酸加入 3L 甲醇与 1L 水混合，充分混合超声 5min。

乙腈：甲醇（1：1，体积比）溶液：将 500mL 乙腈与 500mL 甲醇充分混合，超声 5min。

草酸溶液（5mmol/L）：将 0.45g 无水草酸溶于 1.0L HPLC 级水中，充分混合，超声 5min。

草酸-乙腈-甲醇溶液（5mmol/L）：溶解 0.45g 无水草酸于已预先等体积混合的 1.0L 乙腈-甲醇溶液中。

乙酸铵-乙酸溶液[1mmol/L（0.1%）]：将 4g 乙酸铵和 4mL 乙酸溶于 4.0L HPLC 级水中，充分混合后超声 5min。

标准品：磺胺嘧啶（sulfadiazine，SDZ，99.5%），磺胺甲嘧啶（sulfamerazine，SMR，99.2%），磺胺二甲嘧啶（sulfamethazine，SMZ，99.0%），磺胺甲噁唑（sulfamethoxazole，SMX，99.5%），甲氧苄啶（trimethoprim，TMP，98.7%），恩诺沙星（enrofloxacin，ENR，99.0%），环丙沙星（ciprofloxacin，CIP，94.0%），氧氟沙星（ofloxacin，OFLO，99.0%），诺氟沙星（norfloxacin，NOR，99.5%），红霉素（erythromycin，ETM，97.0%），罗红霉素（roxithromycin，RTM，97.0%），阿奇霉素（azithromycin，AZM，97.0%），四环素（tetracycline，TC，98.0%），金霉素（chlorotetracycline，CTC，93.0%），土霉素（oxytetracycline，OTC，95.6%）。

替代标：M-磺胺甲噁唑（$^{13}C_6$-sulfamethoxazole，99%），M-磺胺二甲嘧啶（$^{13}C_6$-sulfamethazine），M-环丙沙星（$^{13}C_2$, ^{15}N-环丙沙星：HCl=1：1，98%），M-甲氧苄啶（$^{13}C_3$-trimethoprim，99%），M-噻苯咪唑（thiabendazole-D_6，99%），M-红霉素（$^{13}C_2$, *N*-erythromycin）。

注射标：M-阿特拉津（$^{13}C_3$-阿特拉津，98%）。

上述标准品均用甲醇配成 100mg/L 的标准溶液，其中磺胺嘧啶与喹诺酮类的标准品因在甲醇中溶解度较小，用 0.1mol/L 盐酸溶解后，添加甲醇至刻度，红霉素标准品用水配制，并用 0.1mol/L H_2SO_4 调节 pH=3，室温下搅拌。完全溶解后，转移至干净的 15mL 瓶中，瓶盖带有含氟聚合物内衬。红霉素标准储备液在 4℃保存，其他标准储备液-10℃保存在暗处。在液面处做标记，若发生蒸发，重新加溶剂至刻度。

若采用在线固相萃取，需配制在线固相萃取所用溶液及液相的流动相。溶液 A：水+2%氨水；溶液 B：水+1%甲酸；溶液 C：乙腈：甲醇（90：10）+0.1%甲酸；溶液 D：甲醇：丙酮：正己烷（1：1：1）。流动相 A：水+0.1%甲酸+0.5%

氨水；流动相 B：乙腈。

注意：四环素的储备液须每周新配制。

7.4　样品采集、保存和储存

按照《海洋监测规范 第 3 部分：样品采集、贮存与运输》(GB 17378.3—2007)、《水质 湖泊和水库采样技术指导》(GB/T 14581—1993)、《水质 采样技术指导》(HJ 494—2009)、《地表水环境质量监测技术规范》(HJ 91.2—2022) 和《地下水环境监测技术规范》(HJ 164—2020) 的相关规定进行样品的采集。水质样品采集时应添加 5%甲醇，样品采集后，立即用盐酸调节 pH 至 2.0。

沉积物及土壤样品采集后装入棕色玻璃瓶中，盖紧盖子。运输过程中应避光、密封、冷藏。样品采集完毕后应尽快分析，若不能及时分析，可于 4℃以下避光保存 14d。样品提取液于−15℃以下避光保存 30d。

7.5　校准和标准

确定每个分析物$[M+H]^+$检测离子对，并通过改变仪器锥孔电压、碰撞电压等参数，优化响应强度。将目标标准品及替代标和内标配制成各浓度分别为 0.5～1.0mg/L 的溶液，可以是混合溶液，也可以是单组分溶液与流动相共同进入质谱的方式优化质谱参数。

将混合标准溶液用 10mmol/L 的 NH_4FA 溶液配制成 0.5ng/mL、1ng/mL、5ng/mL、10ng/mL 和 20ng/mL 的标准溶液。也可根据本实验室仪器灵敏情况配制不同的浓度标液。优化液相条件以使化合物分离度和灵敏度均增加，用中等浓度校准溶液对系统进行优化。建立起母离子-子离子对的开始及结束的保留时间，在系统中保存保留时间的数据。方法仪器参数如表 7-1～表 7-3 所示。

表 7-3　目标化合物及替代标的质谱参数

	目标化合物	离子对（*m/z*）	替代标	替代标（*m/z*）	锥孔电压/V	碰撞电压/V
第一组	磺胺嘧啶	251.0/92.1①，156.0	M-磺胺嘧啶	257.0/98.0	38	22, 18
	磺胺甲嘧啶	265.0/92.0①，156.0			38	30, 20
	磺胺甲噁唑	254.0/156.0①，92.0	M-磺胺甲噁唑	285.1/162.0	32	20, 18

续表

	目标化合物	离子对（*m/z*）	替代标	替代标（*m/z*）	锥孔电压/V	碰撞电压/V
第一组	磺胺二甲嘧啶	279.0/91.9[①]	M-磺胺二甲嘧啶	257.0/98.0	60	30
	甲氧苄啶	291.1/123.0[①]，230.1	M-甲氧苄啶	294.0/233.0	52	24, 24
	氧氟沙星	386.1/368.1[①]，342.1			44	26, 28
	诺氟沙星	320.1/276.1[①]，302.0	M-环丙沙星	336.0/318.0	38	16, 18
	环丙沙星	332.1/231.0[①]，245.1			46	18, 24
	红霉素	716.5/158.0[①]，83.0	M-红霉素	738.5/162.1	30	20, 10
	罗红霉素	837.5/158.0[①]，679.0			35	40, 25
	阿奇霉素	749.5/591.6[①]，573.5			30	40, 30
第二组	四环素	445.1/410.1[①]，154.1			32	22, 28
	金霉素	479.1/98.0[①]，444.1	M-噻苯咪唑	208.1/180.1	36	20, 42
	土霉素	461.2/426.1[①]，443.2			25	17, 17

① 定量离子对。

若采用在线固相萃取方式，则根据目标化合物选择酸性上样（表 7-4）还是碱性上样（表 7-5）。

表 7-4　酸性条件下上样化合物列表

化合物	化合物	化合物
诺氟沙星	异丙硝唑代谢物	磺胺对甲氧嘧啶
环丙沙星	奥芬达唑	磺胺氯哒嗪
单诺沙星	吡喹酮	磺胺二甲嘧啶
氧氟沙星	溴己新	磺胺甲氧哒嗪
恩诺沙星	氟尼辛葡甲胺	磺胺甲噻二唑
依诺沙星	卡马西平	磺胺二甲氧嘧啶
沙拉沙星	奥卡西平	磺胺嘧啶
双氟沙星	阿米替林	磺胺甲氧嘧啶
西诺沙星	劳拉西泮	磺胺二甲氧哒嗪
司帕沙星	丙酸睾酮	磺胺二甲基异噁唑
氟罗沙星	甲基炔诺酮	金霉素

续表

化合物	化合物	化合物
洛美沙星	氯唑西林	氢化可的松
氟甲喹	泼尼松龙	（+）-顺-地尔硫䓬
萘啶酸	甲泼尼龙片	四环素
甲苯磺丁脲	地塞米松	土霉素
双氯西林钠	倍氯米松二丙酸盐	多西环素

表 7-5　碱性条件下上样化合物列表

化合物	化合物
红霉素	氯米帕明
罗红霉素	舍曲林
阿奇霉素	氟西汀
克拉霉素	阿利马嗪
螺旋霉素	阿替洛尔
替米考星	妥布特罗
交沙霉素	西布罗特
林可霉素	氯苯那敏
泰妙菌素	西咪替丁
4, 4′-氨苯砜	异丙嗪
利福昔明	2-[1-(4-甲基苯基)-3-(1-吡咯烷基)-1-丙烯基]吡啶
乙胺嘧啶	苯海拉明
三甲氧苄啶	雷尼替丁
克霉唑	丁咯地尔
特比萘芬	噻氯匹定
硝酸咪康唑	右美沙芬
枸橼酸二乙碳酰嗪	普萘洛尔
左旋咪唑	丙咪嗪

色谱条件：色谱柱 UPLC BEH C_{18}（2.1mm×50mm，1.7μm）；在线固相萃取柱：Oasis HLB Direct Connect HP（2.1mm×30mm，20μm）；梯度洗脱程序设置（二元泵）见表 7-6。

表 7-6　梯度洗脱程序设置（二元泵）

序号	时间/min	流速/（mL/min）	流动相 A/%	流动相 B/%
1	初始	0.10	90.0	10.0
2	4.0	0.1	90.0	10.0
3	4.5	0.40	90.0	10.0
4	9.5	0.40	10.0	90.0
5	10.5	0.40	10.0	90.0
6	12	0.40	90.0	10.0
7	13	0.40	90.0	10.0

注：流动相 A 为水+0.1%甲酸+0.5%氨水；流动相 B 为乙腈。
梯度程序为线性变化。

质谱参数为离子源：ESI^+模式；毛细管电压：1.00kV；锥孔电压：45.00V；锥孔气：50L/h；脱溶剂气：900L/h；源温度：150℃。

7.6 操 作 步 骤

7.6.1 样品前处理

1. 水质样品的处理

用 HCl 酸化过滤后的水样 1.0L，至 pH 为 2.0±0.5。防止氘代的标准品发生氘-氢的交换，水样 pH 不能小于 1.95。

添加标准至 1.0L 试剂水中作为空白加标。酸化后的水样中以及 QC 样品中添加同位素替代标准。酸化后的水样中以及 QC 样品中加入 500mg $Na_4EDTA \cdot 2H_2O$，充分混匀，并平衡 1～2h。

2. 固体样品及过滤颗粒物的处理

颗粒物粒径大于 1mm 的颗粒应进行研磨、均质或混合，根据基质选择处理方法。通常坚硬的颗粒可通过研磨使粒径变小，较软的颗粒可以用搅拌机或者均质机减小粒径大小。

过滤颗粒物被当作固体样品进行处理。

取 2.0g 干燥固体，或最多不超过 5g 湿样品量置于 50mL 一次性离心管中。取两份泥炭土，1g 置于干净的样品瓶或烧瓶中，一份作为方法空白，另一份作为空白加标添加标准品溶液。

7.6.2　萃取和富集

1. 水质样品

取 7.6.1 节处理后的水样 1000mL，以流速为 3～5mL/min 通过预先依次用 2×5mL 甲醇、2×5mL 超纯水活化的 HLB 固相萃取柱。上样完成后，用 5mL 超纯水淋洗 HLB 柱。抽真空 30min，除去 HLB 柱中水分。依次用 6mL 甲醇、6mL 氨水-甲醇溶液（NH_4OH-CH_3OH，5∶95，体积比）洗脱 HLB 柱，收集洗脱液，在 40℃条件下用 N_2 吹至近干（不可吹干）。并用 1mL 10mmol/L NH_4FA 溶液复溶，涡旋混合，添加 10μL 注射标，用 0.22μm 滤膜过滤，上机分析。

2. 土壤和沉积物样品

准确称取（2.0±0.01）g 沉积物于 50mL 离心管中，加入 100μL 0.1mg/L 替代标，混匀并静置过夜。加入混合提取液 30mL（EDTA-Mcllvaine∶乙腈，1∶1，体积比），振荡 15min，用超声波细胞破碎仪超声 12min，4℃下 10000 r/min 离心 10min，将上层液转移至鸡心瓶。重复两次，合并提取液。用旋转蒸发仪（210 Pa，45℃）将提取液中的有机试剂蒸干。加入超纯水至 300mL，用 HCl 调节 pH 约为 3.0。依次用 2×5mL 甲醇、2×5mL 超纯水活化 SAX 柱和 HLB 柱，串联 SAX-HLB 柱，将提取液上样，控制流速为 3～5mL/min。上样完成后，去除 SAX 柱，用 5mL 超纯水淋洗 HLB 柱。抽真空 30min，除去 HLB 柱中水分。依次用 6mL 甲醇、6mL 氨水-甲醇溶液（NH_4OH-CH_3OH，5∶95，体积比）洗脱 HLB 柱，收集洗脱液，在 40℃条件下用 N_2 吹至近干（不可吹干）。并用 1mL10mmol/L NH_4FA 溶液复溶，涡旋混合，添加 10μL 注射标，用 0.22μm 滤膜过滤，上机分析。

注意：为保证 SAX 柱和 HLB 柱串联不发生漏气，可在连接头缠绕生料带，或其他可密封的材料，但要保证不含有目标化合物。

7.6.3　LC/MS/MS 分析

仪器优化后，目标化合物分成两组进行分析。第一组和第二组均用 ESI^+分析。液相条件、质谱条件、监测离子对信息列于表 7-3。

注射一定体积的浓缩萃取液进入仪器，进样体积与校准溶液的进样量应一样。

根据分析物分组特点，选择适当的梯度程序。在离子对的保留时间范围监测离子对，当全部分析物流出色谱柱后，停止收集数据，回到初始梯度。

若使用在线固相萃取液相色谱串联质谱仪进行分析，在确定好待测物定量及定性离子对后，将标准品按照浓度梯度配制在 20mL 水中。与水样同条件进行在线固相萃取液相色谱串联质谱仪分析。

对于酸性上样的样品，在线固相萃取方法设置（四元泵）见表 7-7。

表 7-7　酸性上样的样品在线固相萃取方法设置（四元泵）

序号	时间/min	流速/（mL/min）	溶液 A/%	溶液 B/%	溶液 C/%	溶液 D/%
1	初始	2.00	0.0	100.0	0.0	0.0
2	0.50	2.00	0.0	100.0	0.0	0.0
3	3.5	0.01	0.0	100.0	0.0	0.0
4	4.5	2.00	0.0	0.0	0.0	100.0
5	7.5	2.00	0.0	100.0	0.0	0.0
6	13	2.00	0.0	100.0	0.0	0.0

注：溶液 A 为水+2%氨水，溶液 B 为水+1%甲酸，溶液 C 为乙腈：甲醇（90：10）+0.1%甲酸，溶液 D 为甲醇：丙酮：正己烷（1：1：1）。

梯度程序为线性变化。

对于碱性上样的样品，在线固相萃取方法设置（四元泵）见表 7-8。

表 7-8　碱性上样的样品在线固相萃取方法设置（四元泵）

序号	时间/min	流速（mL/min）	溶液 A/%	溶液 B/%	溶液 C/%	溶液 D/%
1	初始	2.00	100.0	0.0	0.0	0.0
2	0.50	2.00	100.0	0.0	0.0	0.0
3	3.5	0.01	100.0	0.0	0.0	0.0
4	4.5	2.00	0.0	0.0	0.0	100.0
5	7.5	2.00	100.0	0.0	0.0	0.0
6	13	2.00	100.0	0.0	0.0	0.0

注：溶液 A 为水+2%氨水，溶液 B 为水+1%甲酸，溶液 C 为乙腈：甲醇（90：10）+0.1%甲酸，溶液 D 为甲醇：丙酮：正己烷（1：1：1）。

梯度程序为线性变化。

7.7　定性和定量

定性和定量同 6.7 节。

7.8　质量控制与质量保证

质量控制与质量保证同 6.8 节。

7.9　白洋淀水、沉积物中抗生素的浓度

白洋淀水、沉积物中抗生素的浓度见附表 19。

参 考 文 献

金相灿，屠清瑛. 1990. 中国湖泊富营养化. 北京：中国环境科学出版社.

刘晓雷，刘婕，郭睿，等. 2018. 超高效液相色谱-串联质谱法测定表层水中全氟及多氟化合物. 分析化学，46（9）：1400-1407.

许宜平，张铁山，黄圣彪，等. 2004. 某自来水厂水源多环芳烃污染分析. 安全与环境学报，6（4）：14-17.

赵兴茹. 2005. 二噁英类的迁移转化及人体暴露风险研究. 北京：中国科学院生态环境研究中心.

Zhao X R, Cui T T, Guo R, et al. 2019. A clean-up method for determination of multi-classes of persistent organic pollutants in sediment and biota samples with an aliquot sample. Analytica Chimica Acta, 1047: 71-80.

附录1 术 语 表

ppm：part-per-million，百万分之一。

ppb：part-per-billion，十亿分之一。

ppt：part-per-trillion，万亿分之一。

ppq：part-per-quadrillion，千万亿分之一。

v/*v*：体积/体积。

w/*v*：质量/体积。

m/*z*：mass-to-charge ratio，质荷比。

GPC：gel permeation chromatograph，凝胶渗透色谱。

HPLC：high-performance liquid chromatography，高效液相色谱。

SPE：solid-phase extraction，固相萃取。

RSD：relative standard deviation，相对标准偏差。

RF：response factor，响应因子。

RR：relative response，相对响应。

仪器检出限：在最低浓度下测定10次得到的标准偏差的3.14倍。

方法检出限（method detection limit，MDL）：一个能够被识别、测量，可信度为99%，最小值高于0的分析物浓度。

方法定量限（MQL）：一种物质能够被检测到和报告出数据的最低浓度。

精密度（precision）：指对样品真值预先没有任何假设的信息情况下，对一个组织重复测量结果之间的一致程度，精密度用于平行样或（和）重复样分析的方法来评价。

准确度（accuracy）：指一个结果或一组结果平均值（x）与真值的接近程度，准确度通过标准参考样和百分回收率来评价。

环境样品（environmental sample）：环境样品或现场样品是任一物基质（水的、非水的、多种介质的）的代表性样品，从需要或要求测定它的成分或受污染的任一来源中采集得来。

液体样品：指饮用水、地表水、地下水、雨水径流、工业或生活废水，以及牛奶和血液。

固体样品：指土壤，沉积物、泥污和固体废物。

现场空白（field reagent blank，FRB）：把试剂水或者其他基质在实验室中封在容器中，在采样点，暴露在采样现场环境下，进行样品的采集、保存和运输，以及实验室所有的分析步骤。现场空白的目的是检测现场环境中是否存在目标化合物或者其他干扰。

现场双样（field duplicates，FD1 和 FD2）：两份在相同环境下同一时间同一地点独立采样的样品，并使用同样的现场处理和实验室处理。现场双样的测定结果可以评价样品在采集、保存以及实验室分析过程中的精密度。

运输空白：在实验室把试剂水或者其他基质封在容器中，经历整个运输过程，与采集的样品在相同的条件下进行分析。运输空白的目的是检测运输过程中是否存在目标化合物或者其他干扰。

试剂级（reagent grade）试剂、分析级试剂（A·R）、ACS 级试剂：是符合美国化学会分析试剂委员会现行规定的试剂的同义语。

水：试剂水、无待测物的水或实验室纯水，指蒸馏水或去离子水或Ⅱ型试剂水，不含干扰分析试验的污染物。

调谐溶液：在校准和样品分析之前，用来测定可接受的仪器性能的一种溶液。

标准曲线（standard curve）：标准曲线是已知标准的各种浓度与其在检测器的响应值做的曲线。

标准储备溶液（standard stock solution）：用分析参考物质配制的含一种或多种方法分析物的高浓度溶液，或从信誉度较高的商业公司购买。标准储备溶液用于配制初级稀释标准溶液。

校正曲线标准溶液（calibration standard，CS）：系列浓度目标分析物的溶液，每一浓度中含有相同浓度内标或同位素内标。校正曲线标准溶液用于计算分析物与内标响应比值。

程序标准校准（procedural standard calibration）：校准标准和样品采用相同的方法进行准备与处理（如吹扫、萃取或衍生）的校准方法。程序中所有步骤，包括从采样保存添加到仪器分析都包括在此校准中。用程序标准校准来补偿在前处理过程的低效。

响应因子：单位目标分析物的检测器的响应值。

相对响应：由校正标准曲线的系列浓度目标分析物对其定量浓度同位素内标响应比值的平均值。

内标（internal standard）定量法：用加入内标的响应值和响应因子计算样品

中目标分析物的含量。这种方法消除了样品前处理和仪器系统的影响，但内标和目标分析物保留时间不一致，样品基质干扰物流出时间不同，会造成响应因子的值不同，给计算带来误差。

同位素稀释定量法：用加入的目标分析物的同位素内标和相对响应值计算样品中目标分析物的含量。这种方法消除了样品前处理、仪器系统及样品基质的影响，是目前比较准确的定量方法。

内标：指样品中不含有，但其物理化学性质与待测目标化合物相似的物质。一般在样品分析之前加入，将一个已知量不含有杂质的纯物质加入待测样品中，以此纯物质的量为标准，计算待测组分的含量，该纯物质称为内标。内标需满足下列要求：能完全溶解于样品中，且不与待测组分发生化学作用；峰位尽可能与待测组分的峰位靠近，但能与待测组分完全分开（分离度 $R \geqslant 1.5$）的纯物质。若得不到纯品，必须预先测定其准确含量，且杂质峰不得干扰待测组分峰。内标有时不易寻找是内标法的缺点。

注射标：它是在样品处理好后，进样前加的内标，用于消除仪器系统的影响，用于样品分析过程中的回收率的测定。

初始精密度和回收率（initial precision and recovery，IPR）：在进行样品分析前，要进行实验室能力的验证，用测定的样品基质四份，添加目标分析物及内标或同位素内标，其中一份只加内标或同位素内标，按分析方法步骤进行测定分析，根据测定结果，计算方法的初始精密度和回收率。

实验过程精密度和回收率（ongoing precision and recovery，OPR）：分析的每个批次中，用初始精密度和回收率测定时用的基质样品，按照实际样品进行分析，测定结果与初始精密度和回收率结果合并，计算实验过程中的精密度和回收率，进行方法的质量控制。

空白（blank）：空白是一个人为样品，为检测在分析过程中有无人为污染而设计，对于水样，以试剂水为空白基体，然而对于固体样品不存在通用的空白基体，因此不使用空白基体。它的空白是通过分析过程的适当步骤来取得的。

实验室试剂空白（laboratory reagent blank，LRB）：把试剂水或者其他空白基质像样品一样分析，包括接触的所有玻璃器皿、设备、溶剂、试剂，以及在其他样品中使用的内标。LRB 用来检测实验室环境、试剂和容器中是否存在分析物。

线性范围（LDR）：仪器对分析物浓度响应是线性的浓度范围。

质量控制样品（quality control sample，QCS）：它是用于验证实验室分析测试能力的标准参考物质，根据测定的基质和目标分析物，在有信誉和资质的商家购买。

标准参考物质：它是含有某类分析物质的基质样品（土壤、沉积物、鱼肉和奶质样品），是有资质的实验室制备的。

连续校准检查：它是含有内标、替代物及分析物的标准溶液。定期分析连续校准检查以保证校准溶液的准确性。

最低报告水平：它是按照方法所能检测到样品中的分析物最低浓度。

母离子和子离子：分析组分经质谱离子源后，形成碎片离子，可以进一步裂解的离子为母离子，由母离子生成的离子为子离子。

大量浓缩：一般指大于 10mL 的溶剂的浓缩，用旋转蒸发仪或类似的仪器浓缩至 2～3mL。

微量浓缩：指 2～3mL 萃取液，用氮气流吹扫至 0.5mL 或 20μL。

附录 2　湖泊痕量有机污染物调查数据质量控制记录

1. 水样原始记录表格（正文 1.3 节）

附表 1　湖泊水样采集记录表

湖泊名称：白洋淀　　　　采样日期：2016 年 3 月 22 日　　　　天气状况：阴

<table>
<tr><th rowspan="2">样品编号</th><th rowspan="2">经纬度</th><th rowspan="2">监测项目</th><th rowspan="2">样品数量/个</th><th rowspan="2">存储容器</th><th rowspan="2">采样体积/mL</th><th colspan="2">保存试剂</th><th rowspan="2">样品状态
感官描述</th></tr>
<tr><th>名称</th><th>添加量/mL</th></tr>
<tr><td rowspan="5">BYD1</td><td rowspan="5">115°57′24.43″E
38°54′37.74″N</td><td>VOCs</td><td>2</td><td>棕色玻璃瓶</td><td>40</td><td>盐酸</td><td>1∶1，2 滴</td><td>无色无味</td></tr>
<tr><td>OCPs
PAHs
PCBs
PCDD/Fs
PBDEs
PBDD/Fs
PCNs
DPs
SCCPs
酞酸酯</td><td>1</td><td>棕色玻璃瓶</td><td>4000</td><td>甲醇</td><td>0.2%，8mL</td><td>无色无味</td></tr>
<tr><td>PFs</td><td>1</td><td>聚丙烯瓶</td><td>1000</td><td></td><td></td><td></td></tr>
<tr><td>抗生素</td><td></td><td></td><td></td><td></td><td></td><td></td></tr>
<tr><td>雌激素</td><td></td><td></td><td></td><td></td><td></td><td></td></tr>
<tr><td rowspan="5">BYD5</td><td rowspan="5">115°58′48.04″E
38°50′22.92″N</td><td>VOCs</td><td>2</td><td>棕色玻璃瓶</td><td>40</td><td>盐酸</td><td>1∶1，2 滴</td><td>无色无味</td></tr>
<tr><td>OCPs
PAHs
PCBs
PCDD/Fs
PBDEs
PBDD/Fs
PCNs
DPs
SCCPs
酞酸酯</td><td>1</td><td>棕色玻璃瓶</td><td>4000</td><td>甲醇</td><td>0.2%，8mL</td><td>无色无味</td></tr>
<tr><td>PFs</td><td>1</td><td>聚丙烯瓶</td><td>1000</td><td></td><td></td><td></td></tr>
<tr><td>抗生素</td><td></td><td></td><td></td><td></td><td></td><td></td></tr>
<tr><td>雌激素</td><td></td><td></td><td></td><td></td><td></td><td></td></tr>
</table>

续表

样品编号	经纬度	监测项目	样品数量/个	存储容器	采样体积/mL	保存试剂		样品状态感官描述
						名称	添加量/mL	
BYD15	115°55′25.73″E 38°54′16.73″N	VOCs	2	棕色玻璃瓶	40	盐酸	1：1，2滴	无色无味
		OCPs PAHs PCBs PCDD/Fs PBDEs PBDD/Fs PCNs DPs SCCPs 酞酸酯	1	棕色玻璃瓶	4000	甲醇	0.2%，8mL	无色无味
		PFs	1	聚丙烯瓶	1000			
		抗生素						
		雌激素						

附表 2　湖泊水样现场测定参数记录表

湖泊名称：白洋淀　　　　　　　　　　　　　　　监测机构：中国环境科学研究院

样品编号	采样位置		现场监测项目						
	经度	纬度	水深/m	水温/℃	pH	电导率/（μS/cm）	溶解氧/（mg/L）	浊度	氧化还原电位/mV
BYD1	115°57′24.43″E	38°54′37.74″N	2.6	10.9	9.33	860	20.28		141.1
BYD5	115°58′48.04″E	38°50′22.92″N	2.3	10.9	8.69	1262	11.02		159.6
BYD15	115°55′25.73″E	38°54′16.73″N	2.6	12	7.78	1039	7.6		163.7

附表 3　水质样品交接记录表

样品编号	保存条件	样品瓶状态描述	取样量/mL	监测项目	交样人	接样人	交接日期
BYD1	1+2+3	棕色玻璃瓶	4000	POPs	高秋生	安月霞	2016 年 3 月 24 日
BYD5	1+2+3	棕色玻璃瓶	4000	POPs	高秋生	安月霞	2016 年 3 月 24 日
BYD15	1+2+3	棕色玻璃瓶	4000	POPs	高秋生	安月霞	2016 年 3 月 24 日
BYD1	1+2+3	棕色玻璃瓶	40	VOCs	高秋生	万文胜	2016 年 3 月 24 日
BYD5	1+2+3	棕色玻璃瓶	40	VOCs	高秋生	万文胜	2016 年 3 月 24 日

续表

样品编号	保存条件	样品瓶状态描述	取样量/mL	监测项目	交样人	接样人	交接日期
BYD15	1+2+3	棕色玻璃瓶	40	VOCs	高秋生	万文胜	2016 年 3 月 24 日
BYD1	1+2+3	聚乙烯瓶	1000	全氟	高秋生	郭睿	2016 年 3 月 24 日
BYD5	1+2+3	聚乙烯瓶	1000	全氟	高秋生	郭睿	2016 年 3 月 24 日
BYD15	1+2+3	聚乙烯瓶	1000	全氟	高秋生	郭睿	2016 年 3 月 24 日
BYD1	1+2+3	聚乙烯瓶	1000	抗生素	高秋生	郭睿	2016 年 3 月 24 日
BYD5	1+2+3	聚乙烯瓶	1000	抗生素	高秋生	郭睿	2016 年 3 月 24 日
BYD15	1+2+3	聚乙烯瓶	1000	抗生素	高秋生	郭睿	2016 年 3 月 24 日
BYD1	1+2+3	聚乙烯瓶	1000	雌激素	高秋生	郭睿	2016 年 3 月 24 日
BYD5	1+2+3	聚乙烯瓶	1000	雌激素	高秋生	郭睿	2016 年 3 月 24 日
BYD15	1+2+3	聚乙烯瓶	1000	雌激素	高秋生	郭睿	2016 年 3 月 24 日

注：1. 冷藏保存；2. 固定保存；3. 避光保存。

2. 沉积物原始记录表格（正文 1.4 节）

附表 4 沉积物样品标签

湖泊名称：白洋淀	样品编号：BYD1
采样地点：河北 省 保定 市/区 安新 县/市/区 乡/镇 村	
经纬度：115°57′24.43″E，38°54′37.74″N	采样深度：2.6m
监测项目：有机物	
监测机构：中国环境科学研究院	
采样人：焦立新、高秋生	采样日期：2016 年 3 月 22 日

湖泊名称：白洋淀	样品编号：BYD5
采样地点：河北 省 保定 市/区 安新 县/市/区 乡/镇 村	
经纬度： 115°58′48.04″E，38°50′22.92″N	采样深度：2.3m
监测项目：有机物	
监测机构：中国环境科学研究院	
采样人：焦立新、高秋生	采样日期：2016 年 3 月 22 日

湖泊名称：白洋淀	样品编号：BYD15
采样地点：河北　省　保定 市/区　安新　县/市/区　　乡/镇　　村	
经纬度：115°55′25.73″E，38°54′16.73″N	采样深度：2.6m
监测项目：有机物	
监测机构：中国环境科学研究院	
采样人：焦立新、高秋生	采样日期：2016 年 3 月 22 日

附表 5　沉积物样品采集现场记录表

湖泊名称：白洋淀　　　　　　　　　　监测机构：中国环境科学研究院

编号	采样地点	经度	纬度	采样深度/m	采样日期
BYD1	鸳鸯岛	115°57′24.43″E	38°54′37.74″N	2.6	2016 年 3 月 22 日
BYD5	东田庄	115°58′48.04″E	38°50′22.92″N	2.3	2016 年 3 月 22 日
BYD15	安新大桥	115°55′25.73″E	38°54′16.73″N	2.6	2016 年 3 月 22 日
采样器具	工具：□铁铲　□木铲　√采泥器　□其他 容器：□聚乙烯袋　√铝箔纸　□棕色磨口玻璃瓶　□其他				
备注：					

采样人：　高秋生　　　　记录人：郭睿　　　　校核人：焦立新

2016 年 3 月 22 日

附表 6　沉积物样品运输记录表

湖泊名称：白洋淀　　　　　　　　　　监测机构：中国环境科学研究院

样品箱号	样品数量	运输保存方式（常温/低温/避光）	有无措施防止污染	有无措施防止破损
1	4×4L	常温 避光	无	无
2	4×4L	常温 避光	无	无
3	4×4L	常温 避光	无	无
4	4×4L	常温 避光	无	无
5	16×1L	常温 避光	无	无
6	20×40mL 20×50mL	低温 避光	无	无
7	沉积物×15	常温 避光	无	无
8	鱼样×3	低温	无	无
目的地：中国环境科学研究院　　运输日期：2016 年 3 月 23 日				
运输方式：租车自带				

交运人：焦立新　　　　　　　　运输负责人：焦立新

2016 年 3 月 23 日

附表 7　沉积物样品交接记录表

湖泊名称：白洋淀　　　　监测机构：中国环境科学研究院

样品编号	监测项目（有机/无机）	样品质量是否符合要求	样品瓶/袋是否完好	标签是否完好整洁	样品数量/（瓶/袋）	保存方式（常温/低温/避光）
BYD1	有机	是	是	是	1	常温、避光
BYD5	有机	是	是	是	1	常温、避光
BYD15	有机	是	是	是	1	常温、避光

送样人：高秋生　　　　接样人：耿梦娇　　　　交接日期：2016 年 3 月 24 日

附表 8　沉积物样品制备原始记录表

湖泊名称：白洋淀　　　　监测机构：中国环境科学研究院

样品编号	风干方式	研磨方式	过筛目数及质量	样品分装
BYD1	□自然风干 √冷冻干燥	√手动研磨 □仪器研磨 仪器名称： 仪器型号：	目数：100 质量：100g	□样品瓶 √样品袋
BYD5	□自然风干 √冷冻干燥	□手动研磨 □仪器研磨 仪器名称： 仪器型号：	目数：100 质量：100g	□样品瓶 √样品袋
BYD15	□自然风干 √冷冻干燥	√手动研磨 □仪器研磨 仪器名称： 仪器型号：	目数：100 质量：100g	□样品瓶 √样品袋

制备人：安月霞、高秋生　　　　校核人：耿梦娇　　　　审核人：赵兴茹

2016 年 4 月 15 日　　　　2016 年 4 月 15 日　　　　2016 年 4 月 15 日

3. 生物样品采样记录表（正文 1.5 节）

附表 9　生物样品采集记录表

湖泊名称	鱼种类名称	鱼大小/cm	鱼数量/条	备注
白洋淀	鲫鱼	长 10～20	15	

采样人：焦立新、高秋生　　　　记录人：郭睿　　　　校核人：赵兴茹

2016 年 3 月 22 日

4. 有机物分析数据甄审报告（正文 1.6 节）

附表 10-1　四极杆质谱仪校准记录表

单位名称：中国环境科学研究院

仪器名称	气相色谱质谱（GC-MSD）
型号	Agilent 5975C MSD
制造商	（美国）安捷伦/Agilent Technologies
实验室温度/℃	20
实验室湿度/%	40
校准日期	2016 年
校准员	耿梦娇
核校员	赵兴茹

附表 10-2　串联四极杆质谱仪校准记录表

单位名称：中国环境科学研究院

仪器名称	液相色谱串联四极杆质谱
型号	Waters Xevo-TQD
制造商	（美国）沃特世/Waters
实验室温度/℃	20
实验室湿度/%	40
校准日期	2016 年
校准员	耿梦娇
核校员	郭睿

附表 11　GC-MS 调谐和质量校准（BFB）

质荷比	离子丰度指数	是否通过①
50	基峰的 15%～40%	√
75	基峰的 30%～60%	√
95	基峰，相对丰度为 100%	√
96	基峰的 5%～9%	√
173	小于质量数 174 的 2%	√

续表

质荷比	离子丰度指数	是否通过[①]
174	大于基峰的 50%	√
175	质量数 174 的 5%～9%	√
176	质量数 174 的 95%～101%	√
177	质量数 176 的 5%～9%	√

注：调谐操作用于随后的样品空白和标准。

① 通过为“√”，未通过为“×”。

附表 12　GC-MS 调谐和质量校准（DFTPP）

质荷比	离子丰度指数	是否通过[①]
51	质量数 198 的 30%～80%	√
68	小于质量数 69 的 2%	√
69	小于质量数 198 的 100%	√
70	小于质量数 198 的 2%	√
127	质量数 198 的 25%～60%	√
197	小于质量数 198 的 1%	√
198	基峰，相对丰度为 100%	√
199	质量数 198 的 5%～9%	√
275	质量数 198 的 10%～30%	√
365	大于质量数 198 的 0.75%	√
441	存在，但小于质量数 443 的丰度	√
442	质量数 198 的 40%～110%	√
443	质量数 442 的 15%～24%	√

注：调谐操作用于随后的样品空白和标准。

① 通过为“√”，未通过为“×”。

附表 13　UPLC-MS/MS 质量校准

质量的理论值[①]/amu	质量的校正值/amu	是否通过[②]
22.9898	22.99	√
132.9054	132.89	√
172.8480	172.89	√
322.7782	322.78	√

续表

质量的理论值[①]/amu	质量的校正值/amu	是否通过[②]
472.6725	472.67	√
622.5667	622.56	√
772.4610	772.46	√
922.3552	922.37	√
1072.2494	1072.25	√
1222.1437	1222.14	√
1372.0379	1372.03	√
1521.9321	1521.93	√
1671.8264	1671.83	√
1821.7206	1821.72	√
1971.6149	1971.61	√

① 2mg/mL NaI 和 50μg/mL CsI 溶于异丙醇：水为 1：1 的溶液中。

② 通过为“√”，未通过为“×”。

附录3　白洋淀水、沉积物和鱼组织中有机物的浓度

附表14　白洋淀水 VOCs 的浓度

送检日期：2016年3月23日	分析日期：2016年4月10日		仪器名称：吹扫捕集-GC/MS	
分析方法及依据：吹扫捕集				
前处理方法：4℃冷藏于冰箱中				
分析项目/（ng/L）	样品编码			
	空白	BYD1	BYD5	BYD15
1, 1-二氯乙烯	≤5.55	≤5.55	≤5.55	≤5.55
二氯甲烷	228	264	229	233
反式-1, 2-二氯乙烯	≤12.2	≤12.2	≤12.2	≤12.2
1, 1-二氯乙烷	≤6.80	≤6.80	≤6.80	≤6.80
顺式-1, 2-二氯乙烯	≤4.37	≤4.37	≤4.37	≤4.37
2, 2, -二氯丙烷	≤11.9	≤11.9	≤11.9	≤11.9
氯仿	34.0	48.0	46.0	80.0
1, 1, 1-三氯乙烷	≤3.58	≤3.58	≤3.58	≤3.58
1, 1-二氯丙烯	≤1.93	≤1.93	≤1.93	≤1.93
四氯化碳	3.00	10.0	9.00	9.00
苯	≤2.70	158	183	39.0
1, 2-二氯乙烷	≤33.2	62.0	58.0	64.0
三氯乙烯	≤8.36	≤8.36	2.00	55.0
1, 2-二氯丙烷	≤12.2	30.0	49.0	132
二溴甲烷	≤12.0	≤12.0	≤12.0	≤12.0
溴二氯甲烷	≤6.64	≤6.64	17.0	73.0
顺式-1, 3-二氯丙烯	≤5.09	≤5.09	≤5.09	≤5.09
甲苯	186	227	291	197
反式-1, 3-二氯丙烯	≤7.87	≤7.87	≤7.87	≤7.87
1, 1, 2-三氯乙烷	≤12.9	≤12.9	≤12.9	≤12.9

续表

分析项目/（ng/L）	样品编码			
	空白	BYD1	BYD5	BYD15
四氯乙烯	≤3.87	≤3.87	≤3.87	5.00
1, 3-二氯丙烷	≤6.52	≤6.52	≤6.52	≤6.52
一氯二溴甲烷	≤6.44	≤6.44	≤6.44	≤6.44
1, 2-二溴乙烷	≤13.1	≤13.1	≤13.1	≤13.1
氯苯	≤4.89	≤4.89	≤4.89	≤4.89
1, 1, 1, 2-四氯乙烷	≤6.34	≤6.34	≤6.34	≤6.34
乙苯	36.0	76.0	174	
曲线绘制日期：				

分析人：耿梦娇　　　　复核人：郭睿　　　　审核人：赵兴茹

附表 15　白洋淀水、沉积物和鱼中有机氯的浓度

湖泊名称：白洋淀　　　　监测机构：中国环境科学研究院

送检日期：2016 年 5 月 7 日	分析日期：2016 年 5 月 12 日	仪器名称及型号：HRGC-HRMS，AutoSpec premier
分析方法及依据：同位素稀释-高分辨气相色谱/高分辨质谱法		
前处理方法：水用固相萃取；沉积物（生物样品）用加速溶剂萃取，除硫（除脂肪），多层硅胶柱、氧化铝柱及弗罗里土柱净化		

化合物	水样/（pg/L）		沉积物样品/（pg/g dw）		鱼/（pg/g dw）	
	中值	范围	中值	范围	中值	范围
五氯苯	309	176～647	4794	3275～26984	1372	
α-六六六	150	ND～406	3.54	3.34～13.13	42.6	
六氯苯	553	395～1016	200	35.9～252	7602	
β-六六六	80.6	ND～361	12.9	10.2～38.5	557	
δ-六六六	≤15	ND～75.6	1.47	1.2～18.4	34.8	
γ-六六六	57.1	ND～111.8	4.5	1.68～7.1	24.3	
七氯	≤6.1	≤6.1	≤5.6	≤5.6	≤6.5	
艾氏剂	≤5.7	≤5.7	≤6.7	ND～7.02	88.9	
氧化氯丹	≤5.5	≤5.5	≤5.17	≤5.17	3.97	
顺式-环氧七氯	≤1.62	≤1.62	≤1.54	≤1.54	≤1.8	
反式-环氧七氯	≤1.62	≤1.62	≤1.54	≤1.54	11.6	

续表

化合物	水样/（pg/L）		沉积物样品/（pg/g dw）		鱼/（pg/g dw）	
	中值	范围	中值	范围	中值	范围
反式-氯丹	≤4.0	≤4.0	2.49	ND～3.54	0.8	
顺式-氯丹	≤4.0	≤4.0	≤6.0	ND～7.66	15.63	
反式-九氯	≤4.0	≤7.2	0.60	ND～0.82	32.1	
α-硫丹	≤6.2	≤6.2	≤8.1	ND～6.38	≤6.7	
狄氏剂	≤7.3	≤7.3	1.47	ND～3.56	≤6.7	
异狄氏剂	≤7.5	≤7.5	≤6.7	≤6.7	≤3.2	
β-硫丹	≤5.8	≤5.8	≤6.7	≤6.7	14.19	
顺式-九氯	≤5.2	≤5.2	≤6.7	ND～0.26	10.1	
开蓬	≤18	≤18	0.92	0.59～4.72	25.5	
灭蚁灵	≤19.70	≤19.7	≤3.1	ND～4.69	7.14	
o, p'-滴滴伊	≤4.8	≤4.8	2.81	1.97～11.63	3012	
p, p'-滴滴伊	≤5.2	≤5.2	115.9	51.7～395	≤3.2	
o, p'-滴滴滴	≤2.8	≤2.8	≤6.7	≤6.7	≤5.6	
p, p'-滴滴滴	≤3.2	≤3.2	≤4.0	ND～5.95	59.7	
o, p'-滴滴涕	≤3.5	≤3.5	26.8	6.79～368	542	
p, p'-滴滴涕	≤5.6	≤5.6	≤6.7	≤6.7	75.6	

注：ND 表示未检出。dw 表示干重。下同。

分析人：万文胜　　　　复核人：赵兴茹　　　　审核人：赵兴茹

附表 16　白洋淀水、沉积物、鱼中多环芳烃的浓度

湖泊名称：白洋淀　　　　监测机构：中国环境科学研究院

送检日期：2016 年 5 月 7 日	分析日期：2016 年 5 月 12 日	仪器名称及型号：气相色谱质谱，Agilent 6890GC-5975CMS
分析方法及依据：同位素稀释-高分辨气相色谱/高分辨质谱法		
前处理方法：水用固相萃取；沉积物（生物样品）用加速溶剂萃取，除硫（除脂肪），多层硅胶柱、氧化铝柱及弗罗里土柱净化		

化合物	水样/（ng/L）		沉积物样品/（ng/g dw）		鱼/（ng/g dw）	
	中值	范围	中值	范围	中值	范围
萘	9.26	1.48～35.5	29.1	6.09～94.1	2.92	
苊烯	8.25	1.24～21.5	2.68	0.49～6.6	3.69	
苊	10.4	5.14～26.2	8.7	2.17～19.47	≤0.001	

续表

化合物	水样/（ng/L）		沉积物样品/（ng/g dw）		鱼/（ng/g dw）	
	中值	范围	中值	范围	中值	范围
芴	10.1	1.31～25.9	31.3	5.25～89.9	1.08	
菲	11.8	6.94～24.3	55.9	22.1～94.7	56.7	
蒽	10.8	1.43～22.2	32.5	10.5～96.8	≤0.001	
荧蒽	9.63	5.95～15.8	40.2	13.5～78.3	7.67	
芘	8.57	1.42～20.5	36.95	5.79～94.2	1.81	
苯并(*a*)蒽	1.97	0.25～5.99	9.8	1.48～28.6	≤0.001	
䓛	3.09	0.51～20.4	14.1	1.23～59.2	1.77	
苯并(*b*)荧蒽	3.16	0.54～11.3	18.9	1.78～71.9	2.1	
苯并(*k*)荧蒽	6.6	0.61～14.51	41.2	2.29～92.6	≤0.002	
苯并(*a*)芘	5.24	0.76～12.1	32.4	3.21～77.1	≤0.003	
二苯并(*a*, *h*)蒽	6.98	0.97～19.3	43.7	4.57～124	≤0.001	
苯并(*g*, *h*, *j*)芘	3.12	0.68～15.9	18.6	2.72～102	≤0.004	
茚并(1, 2, 3-*cd*)芘	0.01	≤ND～34.2	9.89	0.49～21.1	≤0.003	

注：ND 表示未检出。

分析人：暴志蕾　　　　复核人：赵兴茹　　　　审核人：赵兴茹

附表 17-1　白洋淀水、沉积物、鱼中多氯联苯的浓度

湖泊名称：　白洋淀　　　　监测机构：中国环境科学研究院

送检日期：2016 年 5 月 7 日	分析日期：2016 年 5 月 12 日	仪器名称及型号：HRGC-HRMS，AutoSpec premier
分析方法及依据：同位素稀释-高分辨气相色谱/高分辨质谱法		
前处理方法：水用固相萃取；沉积物（生物样品）用加速溶剂萃取，除硫（除脂肪），多层硅胶柱、氧化铝柱及弗罗里土柱净化		

化合物	水样/（pg/L）		沉积物样品/（pg/g dw）		鱼/（pg/g dw）	
	中值	范围	中值	范围	中值	范围
CB1	≤8	≤8	185	58～4693	253	
CB2	≤9	≤9	333	149～2597	576	
CB3	≤9.5	≤9.5	338	164～3807	593	
CB4/10	≤30	≤30	≤1.0	ND～818	484	
CB5/8	≤30	≤30	145	ND～4410	2119	
CB6	≤40	≤40	862	ND～990	328	
CB7/9	≤40	≤40	≤6.0	ND～630	258	

续表

化合物	水样/（pg/L）		沉积物样品/（pg/g dw）		鱼/（pg/g dw）	
	中值	范围	中值	范围	中值	范围
CB11	≤6	ND～299	13200	3622～13776	63557	
CB12/13	≤5	≤5	≤3.2	ND～382	152	
CB14	≤6	≤6	≤2.0	≤2.0	≤5.4	
CB15	≤6	≤6	≤1.7	ND～2149	1511	
CB16	≤8	≤8	≤4.3	≤4.3	≤6.8	
CB17	43	24～148	400	90～738	653	
CB18	64	53～438	740	173～1716	1481	
CB19	≤10	≤10	16	ND～171	79	
CB20/33	29	ND～362	777	271～918	683	
CB21	≤10	≤10	≤9	≤9	≤9	
CB22	≤10	ND～16	583	138～879	566	
CB23/34	≤10	≤10	≤2.7	≤2.7	99.6	
CB24/27	≤9	≤9	124	30～250	114	
CB25	≤9	≤9	≤3.2	≤3.2	≤5.4	
CB26	≤9	≤9	444	122～550	507	
CB28/31	194	116～1077	4250	915～6692	5391	
CB29	≤9	≤9	≤3.6	≤3.6	≤5.4	
CB30	≤5	≤5	≤2.2	≤2.2	16	
CB32	≤9	≤9	477	117～639	484	
CB35	≤9	≤9	318	150～345	134	
CB36	≤9	≤9	100	ND～129	314	
CB37	≤9	≤9	780	295～1609	219	
CB38	≤9	≤9	≤2.1	ND～115	≤5.4	
CB39	≤9	≤9	≤1.7	ND～63	154	
CB40	≤9	≤9	121	29～542	65	
CB41	≤5	≤5	≤1.7	≤1.7	≤2.2	
CB42	≤5	≤5	316	84～737	229	
CB43	≤5	≤5	≤1.6	≤1.6	≤2.3	
CB44	9	ND～250	796	214～1826	790	
CB45	≤5	≤5	125	20～316	101	
CB46	≤5	≤5	38	9～107	7.08	
CB47/48/75	159	45～1250	1363	468～5293	856	

续表

化合物	水样/（pg/L）		沉积物样品/（pg/g dw）		鱼/（pg/g dw）	
	中值	范围	中值	范围	中值	范围
CB49	≤5	ND～19	726	206～1739	663	
CB50	≤5	≤5	≤1.3	≤1.3	11.5	
CB51	33	ND～351	142	ND～292	99.4	
CB52	39	15～209	1310	344～2969	1650	
CB53	≤3	ND～5	132	21～201	54.9	
CB54	≤3	≤3	7	ND～20	≤5.1	
CB55	≤3	≤3	45	12～63	21.6	
CB56	≤3	≤3	1213	296～2262	≤2.6	
CB57	≤3	≤3	≤1.2	ND～41	34.8	
CB58	≤3	≤3	≤1.5	≤1.5	≤2.1	
CB59	≤3	≤3	≤1.3	≤1.3	≤2.1	
CB60	≤3	≤3	≤2.5	≤2.5	1078	
CB61	≤3	≤3	≤1.1	≤1.1	≤5.2	
CB62	≤3	≤3	≤1.8	≤1.8	≤2.1	
CB63	≤3	≤3	21	ND～81	117	
CB64	16	ND～80	1037	326～2331	1634	
CB65	≤3	≤3	≤1.0	≤1.0	≤2.1	
CB66/80	≤3	ND～8	2075	670～3608	239 1	
CB67	≤4	≤4	≤1.2	≤1.2	≤2.1	
CB68	≤4	≤4	≤1.1	≤1.1	≤2.1	
CB69	≤4	≤4	≤1.5	≤1.5	≤2.1	
CB70	≤4	ND～13	1724	525～2637	1548	
CB71/72	≤4	ND～7	392	108～763	232	
CB73	≤4	≤4	≤1.1	≤1.1	24.2	
CB74	≤3	ND～7	254	ND～1865	1500	
CB76	≤3	≤3	≤1.0	≤1.0	≤2.6	
CB77	≤3	≤3	328	111～545	226	
CB78	≤3	≤3	≤1.1	≤1.1	≤5.2	
CB79	≤3	≤3	≤2.5	≤2.5	47.5	
CB81	≤3	≤3	53	21～178	177	

续表

化合物	水样/（pg/L）		沉积物样品/（pg/g dw）		鱼/（pg/g dw）	
	中值	范围	中值	范围	中值	范围
CB82	≤6	≤6	≤1.2	≤1.2	≤2.4	
CB83/120	≤6	≤6	101	37～162	116	
CB84	≤6	≤6	31	ND～258	68.4	
CB85/109	≤6	≤6	520	189～753	455	
CB86/97	≤6	≤6	209	ND～771	250	
CB87/115	≤6	≤6	696	208～1186	799	
CB88/95	35	15～151	1039	275～1554	920	
CB89/90	≤6	≤6	≤2.1	ND～342	≤4.1	
CB91	≤6	≤6	297	67～388	168	
CB92	≤6	≤6	303	100～381	256	
CB93	≤6	≤6	≤1.1	ND～63	≤4.1	
CB94	≤6	≤6	≤1.3	ND～27	11.2	
CB96	≤3	≤3	≤1.5	ND～40	5.18	
CB98/102	≤3	≤3	11	ND～85	23.8	
CB99	≤3	≤3	1388	465～1914	1194	
CB100	≤3	≤3	87	31～115	≤4.1	
CB101	83	19～260	1970	629～2729	1255	
CB103	≤3	≤3	≤1.1	ND～29	45.9	
CB104	≤3	≤3	≤1.1	≤1.1	28.4	
CB105	≤3	≤3	1081	430～2016	696	
CB106	≤3	≤3	≤1.1	≤1.1	≤2.1	
CB107	≤3	≤3	≤1.2	≤1.2	≤2.1	
CB108	≤3	≤3	≤1.1	≤1.1	≤2.1	
CB110	15	ND～302	3059	904～4009	1810	
CB111/116	≤3	≤3	37	ND～95	151	
CB112	≤6	≤6	≤1.1	≤1.1	≤4.1	
CB113	≤6	≤6	≤1.2	≤1.2	≤4.1	
CB114	≤6	≤6	96	40～215	301	
CB117	≤6	≤6	≤1.1	≤1.1	≤4.1	
CB118	≤6	ND～657	2455	976～4456	1482	

续表

化合物	水样/（pg/L）		沉积物样品/（pg/g dw）		鱼/（pg/g dw）	
	中值	范围	中值	范围	中值	范围
CB119	≤6	≤6	95	36～97	94	
CB121	≤6	≤6	≤1.1	≤1.1	≤4.1	
CB122	≤10	≤10	≤1.0	ND～265	37.1	
CB123	≤3	≤3	156	ND～265	34.0	
CB124	≤3	≤3	≤1.1	≤1.1	81.0	
CB125	≤6	≤6	≤1.8	≤1.8	≤2.4	
CB126	≤6	≤6	49	34～155	138	
CB127	≤8	≤8	≤1.1	≤1.1	≤2.0	
CB128	≤8	≤8	220	140～547	≤2.8	
CB129	≤8	≤8	56	27～111	88.6	
CB130	≤8	≤8	98	56～211	129	
CB131	≤8	≤8	≤1.4	≤1.4	52.7	
CB132	≤8	≤8	≤1.1	≤1.1	≤3.2	
CB133	≤8	≤8	19	ND～32	≤3.2	
CB134	≤8	≤8	42	14～94	28.7	
CB135	≤8	≤8	165	77～401	117	
CB136	≤8	ND～58	142	46～3762	59.9	
CB137	≤8	≤8	96	041～141	119	
CB138/158/160	63	ND～365	2204	969～4295	1817	
CB139/149	62	ND～502	914	381～1828	554	
CB140	≤8	≤8	≤8	≤8	≤10	
CB141	≤8	≤8	214	95～448	254	
CB142/165	≤8	≤8	≤1.4	≤1.4	41.2	
CB143	≤8	≤8	≤1.1	ND～32	≤3.2	
CB144	≤8	≤8	≤1.2	≤1.2	143	
CB145	≤3	≤3	≤1.1	≤1.1	≤2.0	
CB146/161	≤3	≤3	236	195～485	362	
CB147	≤3	≤3	26	13～46	28.8	
CB148	≤3	≤3	≤1.1	≤1.1	≤2.0	
CB150	≤3	≤3	≤1.1	≤1.1	28.3	

续表

化合物	水样/（pg/L）		沉积物样品/（pg/g dw）		鱼/（pg/g dw）	
	中值	范围	中值	范围	中值	范围
CB151	≤3	ND～20	206	109～5199	≤2.0	
CB152	≤3	≤3	≤1.2	≤1.2	≤2.0	
CB153/168	≤3	ND～488	2042	1111～3963	2001	
CB154	≤3	≤3	26	21～501	46.9	
CB155	≤3	≤3	58	ND～88	400	
CB156	≤3	≤3	241	127～577	377	
CB157	≤3	≤3	59	39～149	121.4	
CB159	≤7	≤7	≤7	≤7	72.3	
CB162	≤8	≤8	≤1.2	≤1.2	38.0	
CB163	≤8	≤8	≤1.1	≤1.1	≤3.2	
CB164	≤8	≤8	≤1.1	≤1.1	≤3.2	
CB166	≤8	≤8	≤1.0	ND～59	80.2	
CB167	≤8	≤8	70	45～185	181	
CB169	≤8	≤8	19	14～45	25.3	
CB170/190	≤8	≤8	397	202～818	471	
CB171	≤4	≤4	75	ND～198	121	
CB172	≤4	≤4	58	48～137	177	
CB173	≤4	≤4	≤1.2	ND～7	38.6	
CB174	≤4	≤4	258	98～605	202	
CB175	≤4	≤4	8	ND～279	39.8	
CB176	≤4	≤4	≤1.0	≤1.0	≤2.0	
CB177	≤4	≤4	151	87～304	128	
CB178	≤4	≤4	62	46～893	68	
CB179	≤4	≤4	≤1.1	≤1.1	≤2.0	
CB180/193	≤4	≤4	832	501～1531	863	
CB181	≤4	≤4	≤1.3	≤1.3	≤2.4	
CB182/187	≤4	ND～27	376	274～5390	366	
CB183	≤4	ND～17	147	96～346	244	
CB184	≤4	≤4	89	49～115	323	
CB185	≤4	≤4	32	12～69	58.1	

续表

化合物	水样/（pg/L）		沉积物样品/（pg/g dw）		鱼/（pg/g dw）	
	中值	范围	中值	范围	中值	范围
CB186	≤4	≤4	≤1.1	≤1.1	≤2.0	
CB188	≤4	≤4	≤1.1	≤1.1	11.8	
CB189	≤4	≤4	45	33～159	220	
CB191	≤4	≤4	22	ND～62	112	
CB192	≤4	≤4	≤1.1	≤1.2	≤2.0	
CB194	≤4	≤4	112	ND～226	365	
CB195	≤4	≤4	76	37～103	126	
CB196/203	≤4	≤4	279	142～408	622	
CB197	≤4	≤4	54	18～236	102	
CB198	≤3	≤3	≤1.1	≤1.1	34.7	
CB199	≤3	≤3	278	120～957	178	
CB200	≤3	≤3	33	14～164	55.7	
CB201	≤3	≤3	46	24～82	88.1	
CB202	≤3	≤3	68	36～107	70.8	
CB204	≤3	≤3	≤1.0	≤1.0	25.4	
CB205	≤3	≤3	29	16～59	163	
CB206	≤3	≤3	≤1.0	≤1.0	596	
CB207	≤3	≤3	≤1.0	≤1.0	385	
CB208	≤3	≤3	≤1.0	≤1.0	206	
CB209	≤3	ND～2157	1048	537～1150	1106	

注：ND 表示未检出。

分析人：安月霞　　　　复核人：赵兴茹　　　　审核人：赵兴茹

附表 17-2　白洋淀水、沉积物、鱼中二噁英的浓度

湖泊名称：白洋淀　　　　监测机构：中国环境科学研究院

送检日期：2016 年 5 月 7 日	分析日期：2016 年 5 月 12 日	仪器名称及型号：HRGC-HRMS，AutoSpec premier
分析方法及依据：同位素稀释-高分辨气相色谱/高分辨质谱法		
前处理方法：水用固相萃取；沉积物（生物样品）用加速溶剂萃取，除硫（除脂肪），多层硅胶柱、氧化铝柱及弗罗里土柱净化		

续表

化合物	水样/（pg/L）		沉积物样品/（pg/g dw）		鱼/（pg/g dw）	
	中值	范围	中值	范围	中值	范围
1234-TCDD	≤2.9	≤2.9	≤2.0	≤2.0	≤2.0	
1368-TCDD	≤2.9	≤2.9	≤2.0	≤2.0	≤2.9	
2378-TCDD	≤2.9	≤2.9	≤2.0	ND～4.02	≤5.8	
总 TCDD	≤2.9	≤2.9	4.25	ND～22.6	≤5.8	
12378-PCDD	≤2.45	≤2.45	≤2.4	ND～57.1	≤4.9	
总 PCDD	≤2.5	≤2.5	≤2.4	ND～57.1	≤4.9	
123478-HxCDD	≤2.6	≤2.6	≤2.8	ND～91.8	≤5.2	
123678-HxCDD	≤2.8	≤2.8	≤2.8	ND～5.29	≤5.6	
123789-HxCDD	≤2.8	≤2.8	≤2.8	ND～22.4	≤5.6	
总 HxCDD	≤2.8	≤2.8	≤2.8	ND～11.9	≤5.6	
1234678-HpCDD	≤2.2	≤2.2	≤2.2	ND～684	1.2	
总 HpCDD	≤2.2	≤2.2	≤3.2	ND～672	1.2	
OCDD	≤4.6	≤4.6	11.6	ND～2504	6.50	
1368-TCDF	≤2.65	≤2.65	≤2.0	≤2.0	≤1.1	
2378-TCDF	≤2.65	≤2.65	≤2.0	ND～5.17	1.38	
总 TCDF	≤2.65	≤2.65	≤2.0	ND～9.44	79.3	
12378-PCDF	≤4.05	≤4.05	≤2.0	ND～202	8.02	
23478-PCDF	≤3.35	≤3.35	≤2.0	ND～111	5.49	
总 PCDF	≤3.35	≤3.35	≤2.0	ND～374	76.15	
123478-HxCDF	≤3.5	≤3.5	≤2.5	ND～371	≤7.0	
123678-HxCDF	≤2.5	≤2.5	≤2.5	ND～262	≤5.0	
123789-HxCDF	≤3.15	≤3.15	≤3.2	ND～470	≤6.3	
234678-HxCDF	≤2.5	≤2.5	≤2.5	ND～864	≤5.0	
总 HxCDF	≤3.5	≤3.5	≤3.2	ND～75.5	≤7.0	
1234678-HpCDF	≤2.9	≤2.9	15.6	ND～81.5	28.85	
1234789-HpCDF	≤2.05	≤2.05	≤2.6	ND～1263	5.03	
总 HpCDF	≤2.7	≤2.7	≤2.6	ND～145	15.9	
OCDF	≤4.35	≤4.35	≤7.9	ND～113	≤8.7	

注：ND 表示未检出。

分析人：安月霞　　　　复核人：赵兴茹　　　　审核人：赵兴茹

附表 17-3 白洋淀水、沉积物、鱼中多溴二苯醚的浓度

湖泊名称：白洋淀　　　　　　　　　　　　　监测机构：中国环境科学研究院

送检日期：2016 年 5 月 7 日	分析日期：2016 年 5 月 12 日	仪器名称及型号：HRGC- NCI-HLMS，Agilent 6890GC/5975C-MS
分析方法及依据：同位素稀释-高分辨气相色谱/高分辨质谱法		
前处理方法：水用固相萃取；沉积物（生物样品）用加速溶剂萃取，除硫（除脂肪），多层硅胶柱、氧化铝柱及弗罗里土柱净化		

化合物	水样/（pg/L）		沉积物样品/（pg/g dw）		鱼/（pg/g dw）	
	中值	范围	中值	范围	中值	范围
BDE1	≤21	ND～549	56.7	16.7～313	≤23	
BDE2	≤21	≤21	≤15	ND～218	1737	
BDE3	≤21	≤21	≤15	≤15	≤23	
BDE7	≤20	≤20	≤15	≤15	≤22	
BDE8/11	≤20	≤20	≤13	≤13	≤23	
BDE10	≤21	≤21	≤13	≤13	≤23	
BDE-12	≤19	≤19	≤13	≤13	≤23	
BDE13	≤18	≤18	≤13	≤13	≤23	
BDE15	≤15	≤15	37.3	30.1～91.1	≤23	
BDE17/25	≤15	≤15	≤12	≤12	≤21	
BDE28/33	≤23	ND～60	10.3	ND～68	≤66	
BDE30	≤21	≤21	≤13	≤13	≤21	
BDE32	≤21	≤21	≤12	≤12	≤21	
BDE35	≤21	≤21	≤13	≤13	≤21	
BDE37	≤21	ND～170	≤15	≤15	≤21	
BDE47	≤20	ND～280	33	ND～169	≤20	
BDE49	≤20	ND～130	≤13	≤13	≤20	
BDE66	≤18	ND～1480	≤12	≤12	≤18	
BDE71	≤18	≤18	≤12	≤12	≤18	
BDE75	≤15	≤15	≤15	≤15	≤15	
BDE77	≤20	≤20	103	85.2～256	≤20	
BDE79	≤15	≤15	≤15	≤15	≤15	
BDE85	≤3	≤3	≤2	≤2	≤4	
BDE99	≤3	≤3	22	ND～80	≤4	
BDE100	≤3	≤3	≤2	ND～50	≤4	

续表

化合物	水样/（pg/L）		沉积物样品/（pg/g dw）		鱼/（pg/g dw）	
	中值	范围	中值	范围	中值	范围
BDE116	≤5	ND～40	≤3	≤3	≤6	
BDE118	≤5	≤5	≤4	≤4	≤6	
BDE119	≤5	≤5	≤4	≤4	≤6	
BDE126	≤5	≤5	231	62.5～313	187	
BDE138	≤7.3	ND～3980	≤6.2	≤6.2	≤8.4	
BDE139	≤7.2	≤7.2	≤6.5	≤6.5	≤8.4	
BDE140	≤7.4	≤7.4	≤6.3	≤6.3	≤8.4	
BDE153	≤7.5	ND～20	10	ND～48	≤8.4	
BDE154	≤7.4	≤7.4	9.4	ND～44.6	≤8.4	
BDE155	≤7.2	≤7.2	≤6.3	≤6.3	≤8.4	
BDE-156	≤7.4	≤7.4	≤6.5	≤6.5	≤8.4	
BDE166	≤7.4	≤7.4	≤6.8	≤6.8	≤8.4	
BDE169	≤8	≤8	83.2	20.9～98.3	≤9	
BDE171	≤4.5	≤4.5	≤2.8	≤2.8	≤5.8	
BDE180	≤4.8	≤4.8	≤2.8	≤2.8	≤5.8	
BDE181	≤4.3	≤4.3	≤3.2	≤3.2	≤5.8	
BDE183	≤4.8	≤4.8	9.2	ND～44.6	≤5.8	
BDE184	≤4.6	≤4.6	≤3.2	≤3.2	≤5.7	
BDE190	≤19	≤19	≤15	≤15	≤23	
BDE191	≤18	≤18	≤15	≤15	≤23	
BDE196	≤20	≤20	≤15	≤15	≤23	
BDE197/204	≤17	≤17	34.4	17.2～42.2	≤23	
BDE201	≤19	≤19	≤1.5	≤1.5	≤23	
BDE203	≤19	≤19	≤1.3	≤1.3	≤23	
BDE205	≤18	≤18	2.28	1.57～4.38	≤23	
BDE206	≤15	≤15	13.9	1.03～21.2	≤22	
BDE207	≤15	≤15	3.54	1.14～3.57	≤22	
BDE208	≤15	≤15	≤13	≤13	≤22	
BDE209	≤16	≤16	424	215～791	≤19	

注：ND表示未检出。

分析人：安月霞　　复核人：赵兴茹　　审核人：赵兴茹

附表 17-4　白洋淀水、沉积物、鱼中多氯萘的浓度

湖泊名称：白洋淀　　　　　　　　　　　　监测机构：中国环境科学研究院

<table>
<tr><td colspan="2">送检日期：2016 年 5 月 7 日</td><td colspan="2">分析日期：2016 年 5 月 12 日</td><td colspan="3">仪器名称及型号：HRGC-HRMS，AutoSpec premier</td></tr>
<tr><td colspan="7">分析方法及依据：同位素稀释-高分辨气相色谱/高分辨质谱法</td></tr>
<tr><td colspan="7">前处理方法：水用固相萃取；沉积物（生物样品）用加速溶剂萃取，除硫（除脂肪），多层硅胶柱、氧化铝柱及弗罗里土柱净化</td></tr>
<tr><td rowspan="2">化合物</td><td colspan="2">水样/（pg/L）</td><td colspan="2">沉积物样品/（pg/g dw）</td><td colspan="2">鱼/（pg/g dw）</td></tr>
<tr><td>中值</td><td>范围</td><td>中值</td><td>范围</td><td>中值</td><td>范围</td></tr>
<tr><td>PCN-1</td><td>78.9</td><td>22～1252</td><td>7.7</td><td>ND～196</td><td>≤2.7</td><td></td></tr>
<tr><td>PCN-2</td><td>≤1.9</td><td>≤1.9</td><td>≤1.8</td><td>≤1.8</td><td>≤2.4</td><td></td></tr>
<tr><td>PCN-3/10</td><td>62.2</td><td>ND～1038</td><td>23</td><td>ND～169</td><td>≤2.8</td><td></td></tr>
<tr><td>PCN-4</td><td>34.4</td><td>ND～758</td><td>9.8</td><td>ND～170</td><td>126</td><td></td></tr>
<tr><td>PCN-5/7</td><td>≤2.2</td><td>ND～25</td><td>≤1.9</td><td>ND～7</td><td>≤2.4</td><td></td></tr>
<tr><td>PCN-6/12</td><td>100</td><td>ND～1069</td><td>60.4</td><td>ND～254</td><td>≤2.2</td><td></td></tr>
<tr><td>PCN-9</td><td>≤3</td><td>ND～693</td><td>≤2.1</td><td>ND～197</td><td>≤3.1</td><td></td></tr>
<tr><td>PCN-11/8</td><td>44.4</td><td>ND～967</td><td>3.5</td><td>ND～103</td><td>≤2.9</td><td></td></tr>
<tr><td>PCN-14/24</td><td>89</td><td>ND～1311</td><td>37</td><td>ND～139</td><td>5.3</td><td></td></tr>
<tr><td>PCN-15</td><td>22.8</td><td>ND～366</td><td>5</td><td>ND～23</td><td>≤2.8</td><td></td></tr>
<tr><td>PCN-16</td><td>9.8</td><td>ND～344</td><td>3.2</td><td>ND～12</td><td>15.6</td><td></td></tr>
<tr><td>PCN-17</td><td>26.6</td><td>ND～292</td><td>6.9</td><td>ND～40</td><td>33.8</td><td></td></tr>
<tr><td>PCN-18</td><td>≤1.5</td><td>ND～231</td><td>≤1.2</td><td>ND～6.8</td><td>≤2.4</td><td></td></tr>
<tr><td>PCN-20/19</td><td>35</td><td>ND～375</td><td>14</td><td>ND～57</td><td>≤2.7</td><td></td></tr>
<tr><td>PCN-21</td><td>≤1.7</td><td>ND～220</td><td>≤1.3</td><td>ND～21.2</td><td>98</td><td></td></tr>
<tr><td>PCN-22</td><td>≤1.4</td><td>ND～447</td><td>2.1</td><td>ND～12.2</td><td>13.8</td><td></td></tr>
<tr><td>PCN-23</td><td>13</td><td>ND～391</td><td>8.1</td><td>ND～23.5</td><td>≤2.1</td><td></td></tr>
<tr><td>PCN-25/26/13</td><td>30.2</td><td>ND～301</td><td>6.1</td><td>ND～50</td><td>≤2</td><td></td></tr>
<tr><td>PCN-27/30</td><td>2.6</td><td>ND～181</td><td>25.6</td><td>ND～131</td><td>15.6</td><td></td></tr>
<tr><td>PCN-28/43</td><td>≤1.2</td><td>ND～246</td><td>5.3</td><td>ND～27.6</td><td>≤2.1</td><td></td></tr>
<tr><td>PCN-29</td><td>≤1.2</td><td>ND～1.6</td><td>1.3</td><td>ND～20.1</td><td>≤2.3</td><td></td></tr>
<tr><td>PCN-31</td><td>≤1.6</td><td>≤1.6</td><td>≤1.3</td><td>ND～7.3</td><td>≤2.4</td><td></td></tr>
<tr><td>PCN-32</td><td>≤1.5</td><td>ND～56</td><td>3.4</td><td>ND～15.8</td><td>≤2.7</td><td></td></tr>
<tr><td>PCN-37/33/34</td><td>13.6</td><td>ND～304</td><td>35</td><td>ND～207</td><td>12.8</td><td></td></tr>
<tr><td>PCN-34</td><td>≤1.8</td><td>ND～13.6</td><td>≤1.1</td><td>ND～20.1</td><td>≤2.2</td><td></td></tr>
</table>

续表

化合物	水样/（pg/L）		沉积物样品/（pg/g dw）		鱼/（pg/g dw）	
	中值	范围	中值	范围	中值	范围
PCN-35	≤1.6	ND～26.4	≤1.4	ND～5.1	≤2.1	
PCN-38/40	3.3	ND～112	16.4	ND～68.2	≤2.6	
PCN-39	≤1.4	ND～16	≤1.4	ND～17	≤2.1	
PCN-41	≤1.5	ND～37	2.2	ND～10.9	≤2.6	
PCN-42	≤1.5	≤1.5	≤1.1	ND～21.3	6.0	
PCN-44/47	4.9	ND～113	13.3	ND～97	8.4	
PCN-45/36	≤1.3	ND～126	25.4	ND～167	27	
PCN-46	≤1.6	ND～38.7	5.1	ND～18.5	≤2.8	
PCN-48	≤1.8	ND～96.3	6.3	ND～24.9	≤2.3	
PCN-49	≤1.1	≤1.1	≤1.1	≤1.1	≤2.1	
PCN-50	1.4	ND～224	14.8	ND～93.8	≤2.4	
PCN-51	≤1.2	ND～156	10.7	ND～61.6	5.5	
PCN-52/60	4.6	2.9～261	29	ND～192	22	
PCN-53/55	≤1.3	ND～135	4.2	ND～21.9	≤2.5	
PCN-54	≤1.5	ND～76.4	5.8	ND～42	≤2.1	
PCN-55	≤1.1	ND～38.2	≤1.1	≤1.1	≤2.3	
PCN-57	≤1.2	ND～156	4.7	ND～31.6	≤2.2	
PCN-58	≤1.6	ND～53	2.9	ND～14.4	≤2.7	
PCN-59	≤1.4	ND～60.2	3.9	ND～82.6	≤2.5	
PCN-60	≤1.5	ND～34	≤1.3	≤1.3	≤2.1	
PCN-61	≤1.6	ND～78	6.9	ND～41	≤4.4	
PCN-62	≤1.3	ND～99	5.2	ND～34.6	≤2.1	
PCN-63	1.8	ND～101	4.4	ND～27.6	≤2.5	
PCN-64/68	2.2	ND～282	5.4	ND～34.8	≤2.4	
PCN-65	≤1.7	ND～14.9	≤1.2	ND～3.3	≤1.2	
PCN-67/66	2.9	ND～253	28.1	ND～174	10.6	
PCN-69	1.9	ND～125	5.2	ND～30.8	≤2.1	
PCN-70	≤1.4	ND～25.3	≤1.1	≤1.1	≤2.4	
PCN-71/72	1.9	ND～95.7	2.8	ND～16.2	3.0	
PCN-73	2.1	ND～272	17	1.3～194	8.4	

续表

化合物	水样/（pg/L）		沉积物样品/（pg/g dw）		鱼/（pg/g dw）	
	中值	范围	中值	范围	中值	范围
PCN-74	≤1.6	ND～220	≤1.2	ND～51.5	≤2.1	
PCN-75	≤1.9	ND～41.2	8.2	1.2～226	13.4	

注：ND 表示未检出。

分析人：安月霞　　　　复核人：赵兴茹　　　　审核人：赵兴茹

附表 17-5　白洋淀水、沉积物、鱼中溴代二噁英的浓度

湖泊名称：白洋淀　　　　监测机构：中国环境科学研究院

送检日期：2016 年 5 月 7 日	分析日期：2016 年 5 月 12 日	仪器名称及型号：HRGC-NCI-HLMS，Agilent 6890GC/5975CMS
分析方法及依据：同位素稀释-高分辨气相色谱-NCI/低分辨质谱法		
前处理方法：水用固相萃取；沉积物（生物样品）用加速溶剂萃取，除硫（除脂肪），多层硅胶柱、氧化铝柱及弗罗里土柱净化		

化合物	水样/（pg/L）		沉积物样品/（pg/g dw）		鱼/（pg/g dw）	
	中值	范围	中值	范围	中值	范围
2378-TBDD	≤5.2	≤5.2	≤6.1	≤6.1	≤5.1	
12378-PBDD	≤8.2	≤8.2	≤10	≤10	≤8.8	
123478-HxBDD	≤13	≤13	≤15	≤15	≤12	
123678-HxBDD	≤5.4	≤5.4	≤7	≤7	≤5.1	
123789-HxBDD[a]	≤8.2	≤8.2	≤10	≤10	≤8	
OBDD	≤18	≤18	≤33	≤33	≤17	
2378-TBDF	≤5.4	≤5.4	≤6.1	≤6.1	≤5.1	
2468-TBDF	≤5.4	≤5.4	≤6.1	≤6.1	≤5.1	
12378-PBDF	≤5.6	≤5.6	≤7.0	≤7.0	≤5.1	
23478-PBDF	≤5.6	≤5.6	≤7.2	≤7.2	≤5.1	
123478-HxBDF	≤15	≤15	≤30	≤30	≤17	
1234678-HpBDF	≤15	≤15	≤18	≤18	≤12	
OBDF	≤18	≤18	≤32	≤32	≤17	

注：ND 表示未检出。

分析人：安月霞　　　　复核人：赵兴茹　　　　审核人：赵兴茹

附表 17-6 白洋淀水、沉积物、鱼中短链氯化石蜡的浓度

湖泊名称： 白洋淀　　　　监测机构：中国环境科学研究院

送检日期：2016 年 5 月 7 日	分析日期：2016 年 5 月 12 日	仪器名称及型号：HRGC-NCI-HLMS，Agilent 6890GC/5975CMS
分析方法及依据：高分辨气相色谱-NCI/低分辨质谱法		
前处理方法：水用固相萃取；沉积物（生物样品）用加速溶剂萃取，除硫（除脂肪），多层硅胶柱、氧化铝柱及弗罗里土柱净化		

化合物	水样/（ng/L）		沉积物样品/（pg/g dw）		鱼/（pg/g dw）	
	中值	范围	中值	范围	中值	范围
$C_{10}H_{17}Cl_5$					11.77	
$C_{10}H_{16}Cl_6$	300	151～1749	34.2	ND～4729	12.24	
$C_{10}H_{15}Cl_7$	187	ND～306	198.7	ND～2369	≤5.7	
$C_{10}H_{14}Cl_8$	224	19.6～544	83.9	ND～716	10.74	
$C_{10}H_{13}Cl_9$	252	ND～454	31.9	ND～1157	10.59	
$C_{10}H_{12}Cl_{10}$	166	88.7～374	301.7	ND～1596	9.61	
$C_{11}H_{19}Cl_5$	142	ND～717	≤4.5	ND～1501	≤6.6	
$C_{11}H_{18}Cl_6$	79.6	18～440	151	ND～1373	17.18	
$C_{11}H_{17}Cl_7$	36.9	15.5～131	≤5.1	ND～372	30.57	
$C_{11}H_{16}Cl_8$	188.9	71～251	111	ND～567	23.28	
$C_{11}H_{15}Cl_9$	81.2	31.9～112	42.1	ND～712	≤5.6	
$C_{11}H_{14}Cl_{10}$	142	ND～717	≤6.2	ND～1501	12.64	
$C_{12}H_{21}Cl_5$	249.6	25～1321	162.7	ND～5397	1.14	
$C_{12}H_{20}Cl_6$	38.6	10.8～152	105.4	ND～801	7.58	
$C_{12}H_{19}Cl_7$	39.98	ND～149.9	67.8	13.6～476	17.88	
$C_{12}H_{18}Cl_8$	114	52～222	90.8	31.7～504	18.21	
$C_{12}H_{17}Cl_9$	82.30	31.9～756	63.4	20～3203	14.59	
$C_{12}H_{16}Cl_{10}$	249.6	25～1321	162.7	ND～5397	9.05	
$C_{13}H_{23}Cl_5$	208	ND～935	56.9	15.2～626	1.33	
$C_{13}H_{22}Cl_6$	239	ND～2914	441	ND～3917	7.21	
$C_{13}H_{21}Cl_7$	163	ND～1058	134	ND～2443	22.59	

续表

化合物	水样/（ng/L）		沉积物样品/（pg/g dw）		鱼/（pg/g dw）	
	中值	范围	中值	范围	中值	范围
$C_{13}H_{20}Cl_8$	92.8	23.4～318	470	ND～2921	21.19	
$C_{13}H_{19}Cl_9$	39.60	6.76～113	242.00	77～1372	11.28	
$C_{13}H_{18}Cl_{10}$	208.00	ND～935	56.90	15.2～626	7.06	

注：ND 表示未检出。

分析人：万文胜　　　　复核人：赵兴茹　　　　审核人：赵兴茹

附表 17-7　白洋淀水、沉积物、鱼中得克隆的浓度

湖泊名称：　白洋淀　　　　监测机构：中国环境科学研究院

送检日期：2016 年 5 月 7 日	分析日期：2016 年 5 月 12 日	仪器名称及型号：HRGC-NCI-HLMS，Agilent 6890GC/5975CMS
分析方法及依据：高分辨气相色谱-NCI/低分辨质谱法		
前处理方法：水用固相萃取；沉积物（生物样品）用加速溶剂萃取，除硫（除脂肪），多层硅胶柱、氧化铝柱及弗罗里土柱净化		

化合物	水样/（ng/L）		沉积物样品/（pg/g dw）		鱼/（pg/g dw）	
	中值	范围	中值	范围	中值	范围
DP602	≤3.5	≤3.5	≤3.9	≤3.9	≤3.2	≤3.2
DP603	≤6.1	≤6.1	≤5.0	≤5.0	≤4.5	≤4.5
DP604	≤8.1	≤8.1	≤7.8	≤7.8	≤6.6	≤6.6
DP（*syn*）	≤3.2	≤3.2	≤1.6	ND～270	≤2.8	≤2.8
DP（*anti*）	≤3.3	≤3.3	≤1.6	ND～820	≤2.8	≤2.8

注：ND 表示未检出。

分析人：崔婷婷　　　　复核人：赵兴茹　　　　审核人：赵兴茹

附表 18　白洋淀水、沉积物、鱼中 PFCs 的浓度

送检日期：2016 年 3 月 23 日	分析日期：2016 年 4 月 23 日	仪器名称及型号：UPLC MS/MS Xevo TQD
分析方法及依据：同位素稀释法		
前处理方法：固相萃取法		

化合物	水样/（ng/L）		沉积物样品/（ng/g dw）		鱼/（ng/g dw）	
	中值	范围	中值	范围	中值	范围
PFBA	2.48	ND～5.25	≤0.05	≤0.05	≤0.025	≤0.025

续表

化合物	水样/（ng/L）		沉积物样品/（ng/g dw）		鱼/（ng/g dw）	
	中值	范围	中值	范围	中值	范围
PFPA	5.58	ND～12.7	≤0.05	≤0.05	≤0.03	≤0.03
PFHxA	4.96	2.36～6.12	≤0.2	≤0.2	0.073	0.073
PFHpA	2.86	1.17～9.50	0.093	ND～0.226	≤0.03	≤0.03
PFOA	80.8	13.6～441	0.578	0.163～3.67	0.531	0.531
PFNA	0.777	ND～1.02	0.052	ND～0.107	0.645	0.645
PFDA	0.388	0.262～0.762	0.147	ND～0.196	2.24	2.24
PFDoA	0.133	ND～0.244	≤0.1	≤0.05	0.552	0.552
PFBuS	8.49	ND～51.2	≤0.4	≤0.5	0.361	0.361
PFHxS	608	2.07～1688	2.58	ND～20.5	2.81	2.81
PFOS	6.022	0.576～51.2	1.96	0.111～8.59	37.7	37.7

注：ND表示未检出。

分析人：刘晓雷　　　　复核人：郭睿　　　　审核人：郭睿

附表19　白洋淀水、沉积物中抗生素的浓度

送检日期：2016年3月23日	分析日期：2016年4月27日	仪器名称及型号：UPLC MS/MS Xevo TQD
分析方法及依据：同位素稀释法		
前处理方法：固相萃取法		

化合物	水样/（ng/L）		沉积物样品/（ng/g dw）	
	中值	范围	中值	范围
磺胺嘧啶	5.28	0.04～13.35	0.394	0.056～2.50
磺胺甲嘧啶	≤0.04	≤0.04	1.19	ND～2.08
磺胺甲噁唑	23.0	5.64～105.3	0.343	ND～0.386
甲氧苄啶	9.05	ND～191.6	1.88	ND～13.7
恩诺沙星	≤0.3	≤0.3	≤0.2	≤0.2
诺氟沙星	≤2.5	≤2.5	2.72	ND～4.04
环丙沙星	≤0.04	≤0.04	1.63	ND～2.42
沙拉沙星	≤0.25	≤0.25	≤3	ND～3.45
氧氟沙星	≤0.04	ND～25.7	1.29	0.414～30.6
红霉素	未检测	未检测	38.2	10.4～195

续表

化合物	水样/（ng/L）		沉积物样品/（ng/g dw）	
	中值	范围	中值	范围
罗红霉素	未检测	未检测	0.922	0.242～17.7
阿奇霉素	未检测	未检测	1.31	ND～21.6
四环素	≤10.0	≤10.0	≤3	≤3
土霉素	≤10.0	≤10.0	≤3	≤3
金霉素	≤8.0	≤8.0	≤3	≤3

注：ND 表示未检出。

分析人：耿梦娇　　复核人：郭睿　　审核人：郭睿